AF367798

8° S
6875

EXTRAIT

DU

BULLETIN SCIENTIFIQUE

DE LA FRANCE

ET DE LA BELGIQUE,

PUBLIÉ PAR

Alfred GIARD,

Chargé de cours à la Sorbonne (Faculté des Sciences),
Maître de Conférences à l'École Normale Supérieure.

LES AMPHIPODES DU BOULONNAIS

PAR

JULES BONNIER.

(Première Partie).

PARIS,

Octave DOIN, Éditeur,

8, Place de l'Odéon, 8.

1889

BULLETIN SCIENTIFIQUE
A FRANCE ET DE LA BELGIQUE,

IIIᵉ SÉRIE, 2ᵉ ANNÉE. V-XII, MAI-DÉCEMBRE.

SOMMAIRE :

PRIX DE L'ABONNEMENT :

Pour la France et l'Étranger, **UN AN, 15 FRANCS.**

Les abonnements partent du 1ᵉʳ Janvier de chaque année.

PRIX DU NUMÉRO, 1 FRANC 25.

Adresser tout ce qui concerne la Rédaction au Professeur
A. GIARD, 14, rue Stanislas, PARIS.

IX.

LES AMPHIPODES DU BOULONNAIS

PAR

JULES BONNIER.

I.

UNCIOLA CRENATIPALMATA SPENCE BATE.

PARIS,
Octave DOIN, Éditeur,
8, Place de l'Odéon, 8
1889

LES AMPHIPODES DU BOULONNAIS.

It is only by dissecting and mounting
the organs of the Amphipoda that their
structure can be fully and properly seen.

A. M. NORMAN, *Ann. and Mag. of
Nat. Hist.*, 1889, p. 445.

Planches XII - XIII.

I.

UNCIOLA CRENATIPALMATA SPENCE BATE.

Le genre *Unciola* a été créé en 1818 par SAY pour un petit Amphipode habitant les côtes septentrionales d'Amérique et caractérisé surtout par des antennes subpédiformes, la présence à la base du quatrième article des antennes supérieures d'un fouet accessoire (*seta*), par la forme des gnathopodes dont le premier est monodactyle tandis que le deuxième a une main comprimée et adactyle, et enfin par la forme non dilatée des *coxæ* (coxopodites ou épimères). Les autres caractères étaient les suivants : la tête est profondément émarginée au-dessous des yeux pour recevoir la base des antennes inférieures, et s'avançant en un rostre aigu situé entre les bases des antennes supérieures ; les yeux sont à peine proéminents et placés sur une portion de la tête qui s'avance quelque peu entre les bases des antennes ; celles-ci sont robustes, l'article terminal du pédoncule des supérieures est un peu plus long que le précédent et est garni à sa base d'un flagellum accessoire (*seta*) articulé ; les antennes inférieures sont un peu plus courtes et plus fortes, l'article terminal du pédoncule plus court que celui qui le précède ; la première patte thoracique est la plus large, la main (*propodite*) est dilatée, monodactyle ; la deuxième patte a le carpopodite comprimé et égalant le propodite ; la septième patte est la plus longue ;

les coxopodites (*coxæ*) sont remarquablement réduits ; enfin, la dernière paire d'uropodes n'a qu'une seule rame.

Ce genre ainsi caractérisé ne renfermait qu'une espèce, *Unciola irrorata*, trouvée par SAY à Egg-Harbour et ayant les caractères spécifiques suivants : yeux hémisphériques, propodite du premier péréiopode avec un bord tranchant longitudinal, et à la base, une dent proéminente et obtuse, l'angle du carpopodite formant comme une seconde proéminence sous la dent du propodite ; le deuxième péréiopode est garni de poils nombreux, le propodite est subtriangulaire ; celui du deuxième péréiopode, comprimé et cilié ; le fouet accessoire de l'antenne supérieure atteint le cinquième article du flagellum ; les segments abdominaux présentent latéralement des prolongements aigus : la couleur de l'animal vivant est pâle avec de nombreux points rouges.

En 1855, GOSSE (1) trouva en Angleterre, à Weymouth, un petit Amphipode qu'il identifia à l'espèce américaine de SAY. Sa courte diagnose et la petite figure qui l'accompagne auraient été absolument insuffisantes à prouver que son identification était juste ou non, si SPENCE BATE n'avait eu les types de GOSSE qu'il étudia, sinon mieux, du moins d'une façon plus complète. En effet, SPENCE BATE (2) ayant eu à sa disposition les exemplaires de Weymouth, crut à une erreur de détermination de GOSSE, et créa pour cet Amphipode un genre nouveau, *Dryope*, qui différait d'*Unciola* par l'absence du fouet accessoire de l'antenne supérieure et par la présence d'une seconde rame au dernier uropode. Dans ce nouveau genre rentraient l'espèce de GOSSE sous le nom de *Dryope irrorata*, puis une seconde espèce qu'il trouva parmi les exemplaires de la première, *Dryope crenatipalmata*, qui se distinguait par la forme des deux premiers péréiopodes.

Depuis, ces deux espèces ont été retrouvées presque toujours ensemble sur différents points des côtes françaises ; CHEVREUX (3) à qui nous devons tant pour la connaissance de la faune des Amphipodes de nos côtes, reconnut qu'elles étaient très voisines et STEB-

(1) GOSSE, Notes on some new or little known Marine Animals, *Ann. and Mag.*, vol. XVI, 2 series, p. 307, et Marine Zoology, I, p. 141, fig. 256.

(2) SPENCE BATE, Cat. Amph. Brit. Mus., p. 276, pl. XLVII, fig. 1.

(3) CHEVREUX, Amphipodes du Sud-Ouest de la Bretagne *Bull. Soc. Zool. Franc.*, t. XII.

BING (1) remarque a ce propos que la présence simultanée de ces deux espèces dans les mêmes dragages, le confirme dans l'idée que l'on n'a affaire qu'à une seule et même espèce.

Sur les côtes du Boulonnais, ces deux types ont été également dragués par mon ami A. BÉTENCOURT sur les Platiers, au large du Portel ; j'ai pu me convaincre par l'examen de ses exemplaires que l'opinion de STEBBING était conforme à la réalité, et que l'espèce de GOSSE, *Dryope irrorata*, correspondait au sexe mâle, tandis que l'espèce de SPENCE BATE , *D. crenatipalmata* n'était que la femelle.

Je me propose, dans les lignes qui suivent, de reprendre la description de ce type de manière à éviter toute nouvelle confusion. Si les espèces d'Amphipodes, même les plus communes, sont si souvent difficiles à déterminer, si leur identification avec les types décrits par les divers auteurs qui se sont occupés de ce groupe, est souvent incertaine, cela tient évidemment à ce qu'aucune idée morphologique ne guide la plupart des « faiseurs d'espèces ». On ne se préoccupe pas assez de la valeur réelle des caractères sur lesquels on base un type nouveau, aussi voit-on souvent les mâles considérés comme spécifiquement différents des femelles, les jeunes des adultes, etc. Dans les Amphipodes, le dimorphisme sexuel est souvent très accentué, souvent aussi il est presque nul, quelquefois il y a de plus dimorphisme dans un même sexe ; il en résulte que toute une série d'organes, pouvant varier dans des proportions considérables dans une même espèce, ne doivent pas servir à l'établissement de sa caractéristique, à moins que l'on ne détermine soigneusement les limites de ces variations. Si, la plupart du temps, on s'en tient à ces caractères, c'est qu'ils sont souvent bien plus faciles à mettre en évidence : l'extrémité d'une patte thoracique, les articles de l'antenne sont nettement visibles au premier examen, tandis qu'un appendice buccal demande souvent, pour être bien vu, une dissection longue et délicate : on voit néanmoins publier des diagnoses d'espèces nouvelles dont le genre ne peut être établi, par exemple, que par la présence ou l'absence du palpe mandibulaire, et dans lesquelles on ne

(1) STEBBING, Report on the Amphipoda collected by H. M. S. *Challenger*, p. 596.

dit pas un mot de cet appendice. Si, au moins, l'insuffisance des descriptions était rachetée par de bonnes figures ; mais le plus souvent celles-ci, quand elles existent, sont absolument insuffisantes : il serait bien désirable que nos espèces les plus communes et considérées comme les plus connues de nos côtes d'Europe fussent figurées et décrites comme les Amphipodes rapportés par l'expédition du *Challenger*: les descriptions si consciencieuses et les dessins si précis de STEBBING devraient toujours être sous les yeux des zoologistes qui encombrent la bibliographie de leurs nouvelles espèces.

Un autre point que l'on ne devrait jamais perdre de vue dans la création d'un genre ou d'une espèce est la comparaison avec les genres ou les espèces précédemment décrites : sans cette précaution indispensable, les descriptions restent douteuses et trop souvent inutilisables. Enfin il serait à désirer que les descripteurs admissent tous une terminologie identique pour les animaux d'un même groupe. Mais comme ils ne se préoccupent généralement pas des travaux des morphologistes, les termes peu précis ou impropres qu'ils emploient ajoutent encore au vague de leurs descriptions. semble pourtant que, actuellement, le groupe des Malacostracés, sauf quelques points encore obscurs, est nettement défini au point de vue morphologique et que rien ne serait plus facile que d'employer les termes définitifs désignant les différents appendices ou parties d'appendices et de renoncer aux appellations quelconques et souvent impropres des anciens carcinologistes.

Le crustacé qui fait l'objet de cette note et auquel doit être, comme nous le verrons plus loin, réservé le nom d'*Unciola crenatipalmata*, est un petit Amphipode qui rappelle par son aspect général le groupe des *Corophiidæ* auquel il appartient. La femelle adulte (Pl. xii, fig. 1) mesure, du rostre au telson, environ 7 millimètres ; le mâle, généralement plus petit, n'atteint que $5^{mm},5$. La coloration est due à des chromatoblastes oranges et jaunes localisés surtout sur la face dorsale des somites du péréion et du pléon et sur les pédoncules des antennes ; dans des femelles adultes, cette nuance fait place, au niveau des 3e, 4e, 5e et 6e somites, à une teinte d'un noir bleuâtre tranchant violemment sur le fond pâle du reste du corps: elle est due à la couleur de l'ovaire. Quand les œufs sont pondus et gardés, au nombre d'une dizaine, dans les lames incubatrices, la coloration noire du vitellus persiste longtemps et décèle au premier coup d'œil la présence des femelles.

Le *segment céphalique* (Pl. XII, fig. 4) de forme à peu près carrée, constitue antérieurement un rostre aigu, mais peu allongé, situé entre les antennes internes (antennules). Les yeux composés, colorés par un pigment rouge foncé sur lequel se détachent en blanc les limites des cristallins, sont placés sur une surface latérale coupée carrément et située entre les bases de l'antennule et de l'antenne. L'angle antérieur et inférieur du somite est fortement creusé par une échancrure circulaire qui laisse voir latéralement l'insertion de l'antenne (fig. 2).

L'*antennule* ou antenne interne (fig. 2) se compose d'un pédoncule, d'un flagellum multiarticulé et d'un fouet accessoire. Le pédoncule est formé de trois articles dont l'inférieur est le plus trapu ; il est armé sur son bord interne de cinq ou six épines chitineuses (fig. 4) ; le deuxième article est plus allongé, moins épais, il est aussi garni sur son bord interne de quelques épines et de bouquets de poils régulièrement disposés ; enfin le troisième a la même longueur que le premier, mais il est plus étroit et orné de bouquets de poils. A son extrémité distale s'insère le flagellum composé de dix à douze petits articles subulés garnis de poils sensioriels. Au niveau de la base d'articulation du flagellum, à la partie interne, s'articule également un petit article court (fig. 3) plus étroit que l'article basal du flagellum qui le dissimule le plus souvent quand on regarde l'antenne latéralement et à l'extérieur : c'est le fouet accessoire, très réduit, et qui, bien que signalé par Gosse, n'a pas été vu par Spence Bate qui en faisait un caractère différentiel de son genre *Dryope* : sa petitesse et la difficulté de le mettre en évidence explique l'erreur du carcinologiste anglais.

L'antenne externe est à peu près de la même longueur que l'antennule, mais elle est plus robuste et pédiforme comme dans les genres voisins. Le premier article du pédoncule, celui au niveau duquel débouche la glande antennale [et qui correspond à ce que l'on appelle ordinairement le deuxième article de l'antenne (1)], s'articule sur une partie proéminente de la tête que l'on considère d'ordinaire comme le premier article de l'antenne ; au véritable pre-

(1) Voir Boas, Studien über die Verwandshaftsbeziehungen der Malakostraken *Morpholog. Jahrbuch*, 8, p. 493, 1882.

mier article, court et terminé inférieurement par une sorte de prolongement renfermant le canal de la glande, fait suite un article
trapu et épais, représentant les deux articles suivants, séparés
d'ordinaire chez les autres Malacostracés (Schizopodes, Isopodes,
etc.); l'article suivant (4) est deux fois plus long que le précédent
(2 + 3), mais il est plus étroit et garni sur ses bords supérieur et
inférieur, comme sur sa face interne, de séries de petites dents entremêlées de quelques bouquets de poils. Ceux-ci persistent seulement sur
le dernier article du pédoncule (5) qui est un peu plus court et plus
étroit que le précédent. L'antenne se termine par un petit flagellum
de sept à huit articles courts garnis de poils ; le dernier porte à son
extrémité deux petites griffes peu visibles au milieu d'un bouquet de
poils raides.

A la face inférieure du rostre, entre les insertions des antennes
externes, se trouve la *lèvre supérieure* formée par une lame arrondie, au sommet mousse, qui recouvre la partie triturante et tranchante des mandibules. La *mandibule* (Pl. xii, fig. 5, *md*) est
formée par un coxopodite très développé sur lequel le reste de
l'appendice, le *palpe* (*p*), est inséré. Sa partie masticatoire est
composée par un prolongement chitineux solide découpé en deux ou
trois dents secondaires ; immédiatement en dessous se trouve le
processus accessorius, prolongement à peu près identique au premier et découpé également en trois ou quatre petits denticules.
Entre cette partie tranchante (*Schneidetheil*) et la partie triturante
(*Kautheil*) se trouve une série de quelques poils (4) aplatis et présentant un bord finement découpé. La partie triturante, qui se trouve
sous le bord externe de la lèvre supérieure, est formée par un tubercule massif dont le sommet, creusé en cupule, présente des séries
de petites dents courtes serrées les unes contre les autres ; sur le
bord de cette cupule on remarque une longue soie barbelée. Le
deuxième article de l'appendice (basipodite ou premier article du
palpe) est excessivement court ; l'article suivant, est beaucoup plus
long et atteint presque, quand on le considère *in situ* (fig. 5) l'extrémité du rostre. Le dernier article est un peu moins long que le précédent : il est, comme lui, orné de longs poils qui sont, mais sur ce
dernier seulement, barbelés de petites soies courtes.

Sous la base des mandibules et au-dessus de l'insertion de la première paire de maxilles se trouve la *lèvre inférieure* (fig. 6). La

lame interne, ou plutôt antérieure (1), est ovalaire et accolée par son bord interne à la partie symétrique de l'autre côté ; le bord supérieure et le haut de la face externe sont garnis de petits poils courts coupés carrément à leur extrémité libre et en forme de massue. La lame externe est arrondie à sa partie supérieure qui est garnie en abondance de poils semblables à ceux de la lame interne et qui sont d'autant plus drus que l'on approche du bord supérieur libre ; la partie latérale se prolonge à son angle inféro-externe en une petite lamelle aplatie et libre.

La *première maxille* (Pl. XII, fig. 7) est constituée par la base du protopodite de l'appendice normal ; le premier article se prolonge en lame, appelée d'ordinaire la lame externe (*lamina exterior*) dout le bord est orné de poils solides terminés par de petits denticules irréguliers à plusieurs branches : c'est la lacinie interne. Immédiatement au dessous se trouve une autre lamelle (*lacinia fallax*) qui dépend du même article et correspond à la lamelle interne (*lamina interior*) des auteurs ; elle est garnie de quelques poils plumeux. Le reste de l'appendice n'est représenté que par le deuxième segments (*palpe* des auteurs) décomposé en deux articles secondaires, dont le premier est tout petit, tandis que le distal est allongé et terminé par trois ou quatre denticules insérés au milieu des poils effilés.

La *deuxième maxille* (fig. 8) est composée, comme dans la plupart des Amphipodes, de deux lacinies représentant les deux premiers articles, coxopodite et basipodite, de l'appendice. Les bords internes des deux lacinies sont bordés de séries de poils plumeux.

Le *maxillipède* (fig. 9 et 10) présente toutes les parties ordinaires d'un endopodite de Malacostracé. Le coxopodite est soudé sur la ligne médiane à celui qui lui est symétrique pour former la base commune à la paire de maxillipèdes ; sur le bord externe on remarque une petite protubérance qui correspond peut-être à un épipodite (?). Le basipodite a la forme d'un triangle dont le côté le plus long correspond au côté symétrique de l'autre maxillipède, l'angle supérieur se prolonge sous (2) l'article suivant en une petite

(1) Quand on regarde l'animal par la face ventrale, cette lame est supérieure, c'est elle qui est en rapport avec la maxille, tandis que la lame externe recouvre directement la mandibule.

(2) Quand l'animal est considéré par la face ventrale.

lame (*lamina interior* des auteurs) quadrangulaire, ornée le long des bords internes et supérieurs par des poils plumeux et, à l'angle interne et supérieur, de dents larges et aplaties au nombre de quatre (fig. 10) L'ischiopodite présente la même forme que l'article précédent, mais dans des dimensions plus considérables : la partie lamelleuse (*lamina exterior*) est à peu près ovalaire ; son bord supérieur est garni de quelques poils (6) qui peu à peu se transforment sur le côté interne en dents larges et plates (8). Ces lames de l'ischiopodite et de basipodite sont tapissées à leur intérieur de petits poils fins et courts. Le reste de l'appendice correspond au palpe des auteurs : il est formé de quatre articles ; le méropodite est plus court que le carpopodite ; le propodite, plus étroit, est terminé par un dactylopodite triangulaire armé d'une dent aigue. Ces derniers articles sont garnis de quelques poils plumeux.

Jusqu'ici tout ce que nous avons dit d'*Unciola crenatipalmata*, s'appliquait aux deux sexes : les différences vont commencer avec la description des pattes thoraciques. Le *premier péréiopode* (Pl. XIII, fig. 1) est beaucoup plus trapu et plus élargi que les autres. Le coxopodite (*épimère* des auteurs) a la forme d'une plaque étroite qui ne porte à son intérieur ni branchie, ni, chez la femelle, de lame incubatrice : le basipodite est solide et très élargi ; sa face latérale est creusée d'un large sillon destiné à recevoir l'extrémité distale de la patte quand celle-ci se replie sur elle-même. L'ischio-podite et la méropodite sont courts et ramassés ; le carpopodite court s'évase largement pour recevoir l'insertion de l'article suivant ; son bord postérieur se prolonge en une éminence mousse surmontée de poils plumeux. Le dimorphisme sexuel ne se fait sentir que dans les deux derniers articles : chez la femelle [*Dryope crenatipalmata* SPENCE BATE] le propodite (Pl. XIII, fig. 2) est fortement élargi ; son bord tranchant, opposé au dactylopodite, présente une série de petites crénelures chitineuses qui ont donné le nom à l'espèce ; sur chaque face, de part et d'autre de ce bord crénelé, sont rangées des séries de longues soies plumeuses. A la base de ce même bord, au point où s'applique le dactylopodite quand il se replie, se trouve une éminence semblable à celle du carpopodite, et présentant une dent solide au milieu de soies longues et plumeuses. L'intérieur de cet article est rempli par les muscles puissants du dactylopodite. Ce dernier a la forme d'une longue lame aigue dont le bord postérieur est tranchant et assez profondément découpé sur presque toute sa longueur en petites dents égales ; le bord antérieur arrondi et épais porte trois bouquets de poils plumeux.

Chez le mâle [*Unciola irrorata* Gosse (non Say)] le propodite (Pl. xiii, fig. 3) a une forme sensiblement différente ; il est proportionnellement un peu plus petit et son bord tranchant, au lieu d'être légèrement convexe, présente, avant la proéminence qui le termine, trois échancrures dont la plus considérable est près de l'extrémité proximale de l'article et la plus petite vers le dactylopodite. La surface du reste de l'article est parsemée de quelques rares soies simples et courtes.

Le *deuxième péréiopode* (Pl. xiii, fig. 4) est beaucoup plus réduit que le premier : le coxopodite s'insère sur le bord droit du somite ; il a la même forme que dans l'appendice précédent et porte à sa face interne une lame branchiale un peu plus courte que le basipodite et une lame incubatrice large, arrondie, bordée de longs poils filamenteux et atteignant le carpopodite. Le basipodite est allongé, tandis que les deux articles suivants sont courts, le carpopodite est presque aussi long que le propodite ; celui-ci a à peu près la forme d'un rectangle dont le côté distal forme, près de l'insertion du dactylopodite, une petite échancrure dont l'ornementation est absolument spéciale, ce qui d'ailleurs nous a permis d'identifier sûrement le type que nous décrivons avec le *Dryope crenatipalmata* de Spence Bate

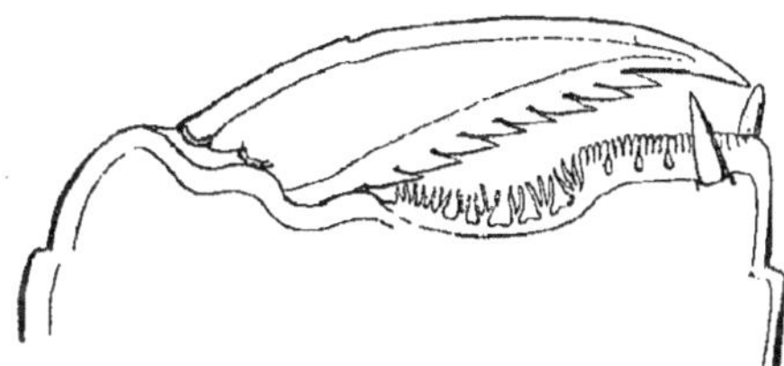

Extrémité du second péréiopode de la femelle d'*Unciola crenatipalmata* ; dactylopodite et extrémité distale du propodite (les soies chitineuses n'ont pas été représentées).

malgré les erreurs de description du naturaliste anglais. Le bord distal du propodite est armé de part et d'autre de son angle inférieur opposé à l'insertion du dactylopodite, de deux dents solides et obtuses ; le bord lui-même est aminci et forme une crête transparente découpée en dents aplaties séparées en petits denticules secondaires. Ces dents, très serrées et très larges vers l'angle externe où elles forment une sorte de palissade, sont beaucoup plus petites et plus espacées vers l'insertion du dactylopodite : ce sont alors de petites épines transparentes profondément divisées en deux, trois ou quatre filaments très ténus. Cette structure du bord tranchant du propodite a été parfaitement vue par SPENCE BATE qui en a donné (*Brit. Sess. Eyed Crust.* I, p. 490 fig., *h''*) une figure très reconnaissable, quoique très schématisée, et dans la page suivante une description détaillée. Le propodite porte sur sa partie convexe environ six rangées parallèles de poils simples et vers la partie tranchante quelques bouquets de soies plumeuses. Le dactylopodite est court, trapu et a son bord tranchant découpé de petites dents rappelant celles du premier péréiopode.

Le *troisième péréiopode* (fig. 5) est plus grêle et plus long que les précédents ; le coxopodite porte une lamelle branchiale plus longue que dans la seconde patte thoracique : elle atteint jusqu'à l'extrémité de l'ischiopodite ; le méropodite allongé est garni sur ses deux bords de poils plumeux régulièrement disposés ; les deux articles suivants sont allongés, le propodite étant plus long et plus étroit ; enfin le dactylopodite forme un ongle recourbé. Chez la femelle la lame incubatrice, plus considérable que dans le précédent appendice, forme une plaque ovale qui atteint le milieu du carpopodite.

La *quatrième péréiopode* (fig. 6) est presque absolument semblable au précédent ; seuls, les deux articles qui précèdent le dactylopodite sont plus étroits et plus allongés.

Le *cinquième péréiopode* (fig. 7) est plus court et plus ramassé que ceux des troisième et quatrième paires : le coxopodite qui, dans les appendices précédents, présentait sur son bord antérieur quelques poils, deux à quatre, en porte ici un plus grand nombre ; la partie postérieure forme un petit lobe découpé, portant un poil unique à son extrémité. C'est, chez la femelle, à la partie interne de cet article que se trouve l'ouverture génitale sous l'insertion du dernier oostégite qui ferme postérieurement la cavité incubatrice ; celui-ci est beaucoup plus petit et plus étroit que les précédents. Les trois articles qui suivent le coxopodite sont garnis sur leurs bords de longs poils fortement plumeux ; le carpopodite, très court, présente sur son bord postérieur trois petits denticules.

Le *sixième péréiopode* (fig. 8) est beaucoup plus allongé que le précédent ; il présente aussi sur les bords des quatre premiers articles des séries de poils plumeux ; le carpopodite est armé de cinq dents dont les quatre premières sont disposées par paires.

Le *septième péréiopode* (fig. 9) est encore plus allongé que le sixième. Le coxopodite porte à la partie interne une toute petite lamelle branchiale peu visible, et, chez le mâle, plus à l'intérieur vers l'angle formé par les bords chitineux du sternite, le pénis (fig. 10, *p*) formé par un tube aplati portant à son extrémité l'ouverture génitale. Le basipodite seul est orné des poils plumeux que nous avons vu exister sur les premiers articles des pattes précédentes : le carpopodite ne présente plus que trois dents placées l'une au-dessus de l'autre.

Les trois premiers segments du *pléon* ont leur bord pleural terminé postérieurement par des pointes qui vont s'accentuant de plus en plus de la première à la troisième qui présente à sa base un petit sinus ; au contraire les soies plumeuses qui ornent ces mêmes bords sont plus nombreuses au premier (20 environ) qu'au troisième (3 ou 4).

Les *pléopodes* (Pl. XII, fig. 1) qui correspondent à ces trois somites sont semblables ; ils sont composés comme d'ordinaire d'un protopodite de deux articles, le coxopodite très réduit et le basipodite large et carré portant à son bord interne, sous l'insertion de l'endopodite, deux petits appendices chitineux (fig. 12) présentant de part et d'autre cinq petits denticules égaux : leur rôle est comparable à celui de l'*appendix interna* des pattes pléales des Crustacés supérieurs. L'endopodite et l'exopodite sont à peu près semblables ; ce dernier présente à sa base un repli qui reçoit le bord de l'endopodite et qui a pour rôle de maintenir ces deux rames parallèles dans les mouvements de natation. Elles sont garnies de longues soies pectinées, et sur le bord interne de l'endopodite on remarque de plus, à la base, quatre poils plus courts dont l'extrémité est bifurquée.

Les trois derniers segments du pléon diminuent de longueur du premier au dernier qui est très étroit et peu visible. Le *quatrième pléopode* (Pl. XIII, fig. 11) (premier uropode), est le plus robuste ; le pédoncule, formé surtout par le basipodite atteint l'extrémité du telson, il est armé sur ses bords de dents solides, surtout bien dévo loppées sur le bord interne ; l'exopodite est plus long que l'endopodite ; il porte à l'extérieur une série de dents qui se continuent jusqu'à son extrémité ; la dent médiane y est très longue ; sur le bord interne il n'y a qu'une seule dent ; l'endopodite, plus court, ne porte de dents bien développées qu'à son extrémité.

Le *cinquième pléopode* (deuxième uropode) a un basipodite court armé de quelques petits denticules ; l'exopodite est à peine plus long que l'endopodite et armé sur ses bords et à son extrémité de dents solides ; l'endopodite aplati et de forme ovale n'en porte qu'à son extrémité libre. Le *sixième pléopode* (troisième uropode) (fig. 12), à une forme très particulière et très importante pour la spécification : le basipodite se prolonge à la partie interne en une lame aplatie terminée par deux dents et deux longues soies ; l'endopodite n'existe pas ; l'exopodite très court est inséré parallèlement au prolongement du pédoncule qui semble au premier examen être l'endopodite. L'exopodite est orné de deux petites dents et de quelques (6) soies. Comme cet appendice est presque entièrement dissimulé sous le telson, on peut croire, en examinant superficiellement l'animal, que le dernier pléopode a la structure ordinaire et présente à son extrémité l'endopodite et l'exopodite : c'est ce qu'à cru Spence Bate qui, pour cette raison, a retiré cet Amphipode du genre *Unciola* où l'avait justement placé Gosse, pour créer le genre nouveau *Dryope* qui doit donc disparaître.

Le corps se termine par le *telson* formant au dessus de l'anus une plaque semi-ovalaire, recouvrant en partie le dernier pléopode.

Cette espèce, comme la plupart des types de la famille des *Corophiinæ*, vit à couvert : tandis que certains genres forment eux-mêmes des tubes de vase ou constitués par des débris de coquilles, *Unciola crenatipalmata* emprunte des abris construits par d'autres animaux. Les exemplaires que j'ai eu à ma disposition avaient été ramenés par la drague, dans un amas de tubes de serpules (*Psygmobranchus*) dont les habitants étaient disparus. Les Amphipodes vivaient à l'intérieur des tubes, sortant leur tête avec les premiers péréiopodes et battant l'eau de leurs antennes. A la première alerte, ils rentraient vivement et ne sortaient complètement, comme d'ailleurs la plupart des animaux tubicoles, que quand l'eau commençait à se corrompre. Une fois l'eau corrompue remplacée par de l'eau fraîche, ils rentraient aussitôt dans leur tubes.

Le crustacé que nous venons de décrire est un Amphipode typique puisque le pléon est normalement développé et formé de sept segments ; les pléopodes sont au nombre de six paires, ce qui le distingue des *Dulichiida* où il n'y en a que cinq ; le maxillipède, contrairement à ce qui se passe chez les *Hyperida*, est formé des parties ordinaires. La seule différence qui permette de le distinguer des *Gammarida* est l'absence de l'endopodite du dernier pléopode. Ce caractère, très net et très facile à constater, me semble devoir être d'une grande utilité pratique dans la classification des Amphipodes : il caractérise tout un ensemble que l'on peut distinguer au premier examen.

Cet ensemble peut être subdivisé selon que le maxillipède présente les lames du basipodite et de l'ischiopodite bien développées ou non ; l'absence de ces lames caractérise la famille des *Stenothoinæ* (genres *Stenothoe, Metopa, Cressa*). On peut ensuite diviser ceux qui présentent les lames du maxillipède développées, d'après l'absence ou le nombre d'articles du palpe mandibulaire : dans le premier cas, on a affaire à la famille des *Orchestiidæ*. Le reste forme la famille des *Corophiidæ*. Si le palpe à deux articles seulement, il s'agit du genre *Corophium* ; quand il en a trois, il caractérise un ensemble formé par les cinq genres suivants : *Erichthonius, Siphonœcetes, Neohela, Chelura* et *Unciola*. Il y a encore un autre genre, *Microprotopus*, qui présente également ces caractères, mais il se distingue des autres par le développement des coxopodites (*épimères*), très réduits dans toutes les *Corophiidæ* (1).

En résumé, l'ensemble des caractères suivants : *pléon bien développé avec six paires de pléopodes, dont la dernière seulement ne présente qu'un exopodite, maxillipède normal, dont le basipodite et l'ischiopodite se prolongent en lamelles, mandibule avec un palpe de trois articles, et coxopodites des péréiopodes étroits,* cet ensemble,

(1) Le genre *Cerapus* SAY présente aussi cette particularité d'avoir le dernier pléopode uniramé, mais il se sépare de la famille des *Corophina,* parce que le cinquième pléopode présente également ce même caractère.

dis-je, permet d'arriver promptement à un groupe de cinq genres que nous allons maintenant différencier d'après des caractères moins importants.

Le genre *Chelura* se distingue immédiatement des autres par la conformation de son pléon dont les trois derniers segments sont coalescents et par la conformation si spéciale des trois derniers pléopodes. Le basipodite du dernier pléopode peut servir a différencier les autres genres en deux groupes : dans le premier, il n'est pas dilaté et présente la forme ordinaire des mêmes articles des deux paires d'appendices précédents ; il caractérise alors les genres *Ericthonius* et *Neohela* (*Hela*). Dans les deux autres genres, *Unciola* et *Siphonœcetes*, ce basipodite du dernier pléopode est au contraire trés élargi et présente une dilatation qui, surtout chez le premier genre, forme comme une seconde rame semblable à l'exopodite. Les deux premiers genres se différencient à leur tour en ce que, chez *Ericthonius*, c'est le deuxième péréiopode qui est plus grand que le premier, tandis que chez *Neohela* c'est l'inverse. Enfin le dernier article du palpe mandibulaire est allongé chez *Unciola* et au contraire nodiforme et rudimentaire chez *Siphonœcetes*.

Le genre *Unciola* ainsi caractérisé comprend actuellement six espèces, qui se distinguent les unes des autres de la façon suivante :

L'antenne inférieure fournit un caractère très net pour diviser les espèces d'*Unciola* : dans le premier cas, plusieurs articles du pédoncule, les deuxième, troisième (qui forment ce qu'on appelle d'ordinaire le troisième article) et quatrième sont subulés et étroits, dans le second cas ils sont fortement élargis, et caractérisent alors *U. petalocera* et *U. laticornis* : le quatrième article dans *U. petalocera*, présente un bord inféro-postérieur prolongé en pointe, tandis que dans la seconde espèce, il est largement arrondi. Les quatre autres espèces peuvent se décomposer en deux groupes, d'après la longueur du troisième article de l'antennule : dans le premier, formé par *U. crenatipalmata* et *U. irrorata,* il atteint une longueur égale aux deux tiers du second article ; le bord tranchant du propodite du premier péréiopode qui est crénelé, comme nous l'avons vu, chez *U. crenatipalmata* suffit à différencier cette espèce de la seconde où ce même bord est simple. Dans un deuxième groupe le troisième article de l'antennule est beaucoup plus petit et n'atteint que le tiers de la longueur du second ; dans l'une de ces espèces, *U. plani-*

pes, le fouet accessoire de cette antennule est plus petit que le premier article du flagellum et composé d'un article unique ; dans l'autre, *U. craisspes*, ce fouet accessoire est pluriarticulé : il est formé de quatre articles aussi longs que les quatre premiers du flagellum.

En résumant ces caractères, il est facile de dresser les quatre tableaux suivants qui permettent d'arriver aisément à l'espèce que nous venons de décrire :

I.

AMPHIPODA.

- Pléon bien développé...
  - Six paires de pléopodes ..
    - Maxillipède rudimentaire .... HYPERINA.
    - Maxillipède bien développé.
      - Sixième pléopode avec endopodite. GAMMARINA.
      - Sixième pléopode sans endopodite. COROPHINA.
      - Cinquième et sixième pléopodes sans endopodites CERAPINA.
  - Cinq paires de pléopodes............................ DULICHINA.
- Pléon rudimentaire.................. .... LÆMODIPODA.

II.

COROPHINA.

- Palpe mandibulaire absent.................................... ORCHESTIIDÆ.
- Palpe mandibulaire de deux ou trois articles ....
  - Coxopodites des peréiopodes largement développés.....
    - Deuxième et troisième articles du maxillipède étroits ...... STENOTHOIDÆ.
    - Deuxième et troisième articles du maxillipède lamelleux.... MICROPROTOPIDÆ.
  - Coxopodites des péréiopodes étroits et peu développés................ COROPHIIDÆ.

III.

COROPHIIDÆ.

- Palpe mandibulaire de deux articles .... *Corophium.*
- Palpe mandibulaire de trois articles, trois derniers segments du pleon
  - libres, basipodite du sixième pléopode
    - dilaté ; palpe mandibulaire avec le troisième article......
      - allongé .... *Unciola.*
      - nodiforme .. *Siphonœcetes.*
    - étroit ; premier péréiopode...
      - moins développé que le deuxième. *Ericthonius.*
      - plus développé que le deuxième..... *Neohela.*
  - coalescents .... *Chelura.*

IV.

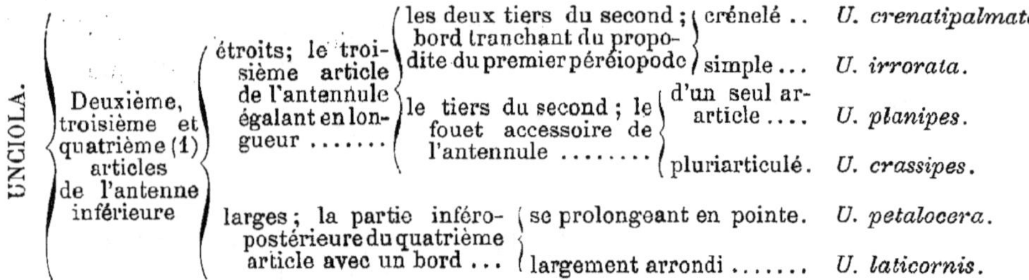

Cette classification n'a pas la prétention d'exprimer les rapports naturels qui relient entre elles les innombrables formes d'amphipodes ; malgré des travaux considérables, nous connaissons encore trop peu ces crustacés pour pouvoir espérer les classer actuellement d'une façon absolument naturelle ; la plupart ne sont connus que par des descriptions sommaires, faites sans aucune préoccupation mophologique, et même sans esprit de comparaison. Les parties sur lesquelles reposera sans doute la véritable classification des Amphipodes, comme l'avait prévu Boeck, c'est-à-dire les appendices buccaux, sont pour la plupart inconnus ou trop insuffisamment décrits pour qu'on en puisse tirer parti. Il ne nous est donc encore permis que de chercher des classifications purement pratiques, permettant de se reconnaître dans ce groupe si homogène et d'arriver facilement à la détermination des espèces. C'est ce que nous venons d'essayer pour *Unciola crenatipalmata*.

Le genre *Unciola* doit donc, selon la synonymie que j'emprunte à Stebbing, en la modifiant légèrement, s'établir de la façon suivante :

(1) On se souvient que ce qu'on appelle ordinairement le deuxième article de l'antenne correspond en réalité au premier, celui où débouche la glande antennale, le troisième équivaut à l'ensemble du deuxième et du troisième soudés ensemble.

Genre **UNCIOLA** SAY.

1818. *Unciola* SAY, Journ. Acad. Nat. Sci. Philad., vol. I, pl. ii, p. 388.
1830. *Unciola* Say, MILNE-EDWARDS, Ann. d. Sci. Nat., t. XX, p. 382.
1838. *Unciata* Say, MILNE-EDWARDS, Hist. Nat. Anim. s. vert., t. V.
1840. *Unciola* Say, MILNE-EDWARDS, Hist. Nat. Crust , t. III, p. 69.
1845. *Glauconome* KROEYER, Naturh. Tidsskr., R. 2, Bd. I, p. 501.
1849. *Unciola* Say, DANA, Amer. Journ. Sci. and Arts, sér. 2, vol. VIII, p. 139.
1852 *Unciola* Say, DANA, Amer. Journ. Sci. and Arts. sér. 2, vol. XIV, p. 300
1852. *Unciola* Say. DANA, U. S. Explor. Expéd., vol. XIII, pl. ii. p. 832, 1441.
1855. *Unciola* Say, GOSSE, Marine Zoology, I, p. 141.
1859. *Cyrtophium* DANIELSSEN, Nyt Mag. for Naturv., Bd 11, H. 1, p. 8.
1862. *Unciola* Say, SPENCE BATE, Brit. Mus., Catal. Amph. Crust., p. 278.
1862. *Dryope* SPENCE BATE, Brit. Mus , Catal. Amph. Crust., p. 276.
1865. *Unciola* Say, GOES, Crust. Amph. maris Spetsb., p. 17.
1867. *Unciola* Say, NORMAN, Nat. Hist. Trans. Northd. and Durham.
1868. *Dryope* SPENCE BATE et WESTWOOD, Brit. Sess. Crust., I, p. 487.
1868. *Unciola* Say, BATE et WESTWOOD, Brit. Sess. Crust., II, p. 517.
1870. *Glauconome* Kroeyer, BOECK, De Skand. og Arkt. Amph., p. 636.
1876. *Glauconome* Kroeyer, SARS Prod. descr. Crust. et Pycn. nova, Exp. p 360
1879. *Glauconome* Kroeyer, SARS, Crust. et Pycn. nova, p. 462.
1880. *Unciola* Say, S.-I. SMITH, Trans. Connect. Acad., vol. IV, p. 280.
1882. *Unciola* Say, SARS, Oversigt af Norges Crustacea, p. 31, 114.
1885. *Unciola* Say, SARS, Den Norske Nordhav-Exp., p. 212.
1886. *Dryope* Spence Bate , GERSTAECKER , Bronn's Klas. und Ordn., Bd. V,
        Abthl. II, p. 496.
1886. *Unciola* Say GERSTAECKER, Bronn's Klassen und Ordn., Bd. V, Abth. II.
        p. 495.
1887. *Dryope* Spence Bate, CHEVREUX, Bull. Soc. Zool. Fr., t. xii (p. 30 du tiré
        à part).
1888. *Unciola* Say, STEBBING , Rep. on the Amph. collect. by *Challenger*, vol
        XXIX, Sec. Half, p. 1168.

Corps déprimé, tête prolongée en un petit rostre court. Antennules un peu plus longues que les antennes inférieures, munies d'un flagellum multiarticulé et d'un petit fouet accessoire ; les antennes inférieures presque pédiformes, avec un flagellum de plusieurs articles. Lèvre supérieure large et arrondie ; mandibules solides dentées au sommet du coxopodite, avec un processus accessoire également denté, tubercule molaire proéminent, *palpe triarticulé avec le dernier article allongé ;* lèvre inférieure large, composée de deux paires de lames; premières maxilles avec une lacinie externe biarticulée et une lacinie interne munie de poils dentés, la *lacinia fallax* bien développée; secondes maxilles larges formées de deux lacinies garnies de longues soies semblables ; maxillipèdes *dont le basipodite et l'ischiopodite se prolongent en lames* garnies de poils et de dents aplaties, et dont la première est la plus petite, les autres articles de l'endopodite bien développés. Premier péréiopode trapu formant une pince élargie ; deuxième péréiopode beaucoup plus mince et formant le plus souvent avec ses deux derniers articles une petite pince ; les trois derniers péréiopodes sont grêles et s'allongent du premier au dernier ; *tous les coxopodites des péréiopodes sont étroits et peu développés*, les trois derniers segments du pléon, qui sont *libres*, portent trois pléopodes dont le dernier est *uniramé* et dont le *pédoncule (basipodite) est largement dilaté*. Telson simple, sqamiforme.

Cette synonymie, telle que je l'établis ici, ne diffère de celle donnée par STEBBING que par l'identification du genre *Dryope* de SPENCE BATE avec le genre *Unciola*. SPENCE BATE, en effet, donne comme diagnose à son genre *Dryope* les caractères suivants :

« Body not laterally compressed. Antennæ subequal, terminating » in a multi-articulate flagellum ; the superior not having a secon- » dary appendage. Gnathopoda subchelate, first pair being larger » than the second. Posterior pair of pleopoda the shortest, double » branched. Telson squamiform. » — Ce genre, ajoute-t-il, a été fondé sur un animal trouvé par M. GOSSE, et qu'il a supposé être l'*Unciola* de SAY, mais ce genre diffère d'*Unciola* par l'absence du second appendice de l'antenne supérieure, par la disposition subchéliforme de la seconde paire de gnathopode et probablement par la forme du telson. » Il aurait pu ajouter aussi, si on s'en rapporte à sa description, parce que le dernier pléopode a deux rames.

Nous avons vu que ces différences n'existent pas et que l'erreur s'explique facilement : le fouet accessoire de l'antennule, que GOSSE avait dit exister, est très petit et se dissimule parfaitement sous le premier article du flagellum qui est plus large ; le second péréiopode chez plusieurs espèces d'*Unciola* forme une véritable « gnathopode subchéliforme », et enfin si SPENCE BATE a pu dire que le dernier pléopode n'avait qu'une seule rame, malgré l'affirma-

---

(1) BATE et WESTWOOD, Brit. sess. Eyed Crust., I, p. 485.

tion contraire de Gosse, c'est que le prolongement interne du basipodite peut faire croire, au premier abord, à l'existence d'une seconde lame.

Stebbing (1) a rapporté au genre *Dryope*, ainsi décrit par Spence Bate, un Amphipode d'Australie dragué par le *Challenger* et qu'il nomme *Dryopoides Westwoodi*, en faisant remarquer que le nom de *Dryope* est préoccupé, depuis 1830, par un genre de Diptère, d'après le *Nomenclator Zoologicus* de Scudder. Ce nouveau type, qui ne correspond pas d'ailleurs parfaitement à la diagnose de Spence Bate puisque l'antennule possède « a very small secondary appendage », se distingue du genre *Unciola* tel que nous le délimitons par la présence de deux rames très nettes au dernier pléopode. Le genre *Dryopoides* Stebbing subsiste donc avec cette restriction qu'il ne correspond pas au genre *Dryope* Spence Bate, ni, par conséquent, au genre *Unciola* Say.

Le genre *Unciola*, comme nous l'avons vu, comprend actuellement six espèces dont la synonymie est facile à établir, grâce à l'admirable résumé bibliographique que Stebbing a mis au commencement de son étude magistrale des Amphipodes du *Challenger*. Malheureusement les diagnoses que nous donnons de ces diverses espèces sont forcément incomplètes, puisque nous n'avons eu à notre disposition qu'une seule espèce, et que pour les autres, nous n'avons que les renseignements fournis par les auteurs. Si les descriptions et les figures que nous avons étaient aussi bien faites que celles que donne Stebbing pour *Unciola irrorata* (Report on the Amphipoda, p. 1169, Pl. cxxxviii, c), il suffirait d'un seul appendice caractéristique comme, dans ce cas, le dernier pléopode, pour distinguer nettement les espèces : la confusion qui règne encore dans la taxonomie des Amphipodes ne cessera que quand les zoologistes prendront la peine de comparer leurs descriptions avec celles de leurs devanciers et d'établir les points de comparaison ou de dissemblance de leurs types avec ceux décrits antérieurement.

(1) Stebbing, Report on the Amphipoda collect. by *Challenger*, vol. XXIX, 2 Half, p. 1145, pl. cxxii.

1. — **Unciola crenatipalmata** SPENCE BATE.

1855. *Unciola irrorata* Say, Gosse, Notes on some new or little known Marine
       Animals, Ann. and Mag., vol. XVI, 2 sér., p. 307.

1855 *Unciola irrorata* Say, Gosse, Marine Zoology, I, p. 141, fig. 256.

1862. *Dryope irrorata* Gosse (*non* Say), Spence Bate, Cat. Amph. Brit. Mus.,
       p. 276, pl. xlvii, fig. 1 (= ♂).

1862. *Dryope crenatipalma* Spence Bate, Cat. Amph. Brit. Mus., p. 27.,
       pl. xlvii, fig. 2 (= ♀).

1863. *Dryope irrorata* Gosse (*non* Say), Spence Bate et Westwood, Brit. Sess.
       Eyed Crust. I, p. 488 (= ♂).

1863. *Dryope crenatipalmata* Spence Bate et Westwood, Brit. Sess. Eyed
       Crust. I, p. 490 (= ♀).

1887. *Dryope irrorata* Spence Bate, Chevreux, Amph. du S.-O. de la Bretagne,
       Bull. Soc. Zool. Fr., t. XII (p. 30 du tiré
       à part).

1887. *Dryope crenatipalmata* Spence Bate, Chevreux, Amph. du S.-O. de la
       Bretagne, Bull. Soc. Zool., t. XII
       (p. 30 du tiré à part).

Antennule avec le troisième article ne dépassant pas les deux
tiers du second : fouet accessoire d'un seul article de la même longueur que le premier article du flagellum ; antenne inférieure avec
les articles du pédoncule étroits et bordés d'épines et de soies ; les
antennes sont semblables dans les deux sexes ; le premier péréiopode très large avec un propodite dont le bord inférieur tranchant
est garni de petites crénelures ; deuxième péréiopode plus petit et
plus étroit avec le bord tranchant du propodite garni de petites
dents munies de denticules secondaires ; le carpopodite des cinquième et septième péréiopodes avec trois dents, celui du sixième
avec cinq ; le bord latéral du troisième somite du pléon avec une
dent aigue vers son extrémité postérieure ; le dernier pléopode
avec un basipodite large, lamelleux, formant à sa partie interne une
lame garnie de deux dents et de deux soies et de la même longueur
de la rame unique ; les deux extrémités de l'exopodite et du basipodite dépassent un peu le bord postérieur du telson.

Distribution géographique : Angleterre, Weymouth (Gosse et
Spence Bate). France : recueilli à Dunkerque par M. de Guerne et
déterminé par Chevreux (1) ; Boulonnais, aux Platiers ; Luc-sur-

(1) Notes sur quelques Amphipodes marins du Nord de la France, *Soc. Zool. de
France*, séance du 28 déc. 1886.

Mer (1), Belle-Ile et le Croisic (CHEVREUX); golfe de Gascogne et côte septentrionale d'Espagne (2).

2. — **Unciola irrorata** SAY.

1818. *Unciola irrorata* SAY, Journ. Acad. Nat. Sci. Philad., V. I, p. 389, pl. II.
1840. *Unciola irrorata* Say, MILNE-EDWARDS, Hist. Nat. Crust., t. III, p. 69.
1845. *Glauconome leucopis* KROEYER, Naturh. Tidsskr., R. 2 , Bd. 1 , p. 491,
pl. VII, fig. 2.
1846. *Glauconome. leucopis* KROEYER, Voy. en Skandinav., pl. XIX, fig. 1 *a-u*.
1847. *Unciola irrorata* Say, WHITE, List of Crust. in Brit. Mus., p. 90.
1854. *Unciola irrorata* Say, STIMPSON, Marine inverteb. of grand Manan, p. 45.
1859. *Cyrthophium Darwinii* Spence Bate, DANIELSSEN, Nyt. Mag. for Naturv.,
Bd. II, H. 1, p. 8.
1862. *Unciola irrorata* Say, SPENCE BATE, Brit. Mus. Cat. Amph. Crust.. p. 279.
1862. *Unciola leucopes* SPENCE BATE, Brit. Mus. Cat. Amph. Crust., p. 279,
pl. XLVII, fig. 3.
1865. *Glauconome leucopis* Kroeyer, GOES, Crust. Amph. maris Spitsb., p. 17.
1870. *Glauconome leucopis* Kroeyer, BOECK, Crust. Amph. Bor. et Arct., p. 179.
1874. *Unciola irrorata* Say, VERRIL et SMITH , Invert. Anim. Vineyard Sound,
p. 340, 567, pl. IV, fig. 19
1876. *Glauconome leucopis* Kroeyer, BOECK, De Skand. og Arkt. Amph., p. 696.
1876. *Glauconome leucopis* Kroeyer, SARS, Prodromus desc. Crust. et Pycn.
Exp. Now.. p. 360.
1876. *Glauconome leucopis* Kroeyer, NORMAN, Proc. Roy. Soc. Lond., vol. XXV,
p. 208.
1880. *Unciola irrorata* Say, S. I. SMITH, Trans. Connect. Acad,, vol. XV, p. 281.
1882. *Glauconome leucopis* Kroeyer, HOEK , Die Crust. gesam. währ. d. F. d.
Wilhem Barents, Nied. Arch. für Zoo-
logie, suppl. Bd., p. 65.
1882. *Unciola irrorata* Say, SARS, Oversigt af. Norg. Crust., p. 114.
1887. *Unciola irrorata* Say, HANSEN , Overs. Dijmphna Togtet inds Krebsdyr,
page 50.
1887. *Unciola irrorata* Say, HANSEN , Overs. ov. d. vest. Groenl. Faun.. p. 164,
t. VI, fig. 5 et 5*a*.
1888. *Unciola irrorata* Say, STEBBING, Rep. on the Amph. collect. by *Challenger*, 2 Half., p. 1169, pl. CXXXVIII, *c*.

Rostre frontal assez long, l'angle latéral de la tête proéminent et arrondi ; le troisième article de l'antennule à peine deux fois plus

(1) CHEVREUX, Amphipodes des côtes de France, espèces nouvelles recueillies à Luc-sur-Mer par M. TOPSENT, *Bulletin de la Soc. d'Études Scientif. de Paris*, 11ᵉ année, 1888 (p. 6 du tiré à part).

(2) CHEVREUX. Crustacés Amphipodes dragués par l'*Hirondelle* pendant sa campagne de 1886, *Bull. Soc. Zool. Franc.*, t. XII, 1887 (p. 13 et 14 du tiré à part).

court que le second ; les antennes sont à peu près semblables dans les deux sexes, l'antenne inférieure étant un peu plus large chez la femelle (HANSEN) ; premier péréiopode trapu avec un propodite rappelant la forme du précédent, mais dont le bord tranchant n'est pas crénelé. Deuxième péréiopode chéliforme avec la carpopodite de même longueur que le propodite ; bord pleural du quatrième somite du pléon nettement découpé en plusieurs dents (STEBBING), basipodite du dernier pléopode brusquement dilaté vers la partie interne.

Distribution géographique : Côtes septentrionales du Groënland, du Spitzberg, d'Amérique, d'Angleterre et de Norwège.

La diagnose de cette espèce est très difficile à établir nettement parce que sous ce nom d'*Unciola irrorata* on désigne évidemment plusieurs espèces. Celle qu'HANSEN a appelé de ce nom ne correspond certainement pas à celle figurée et décrite par STEBBING : selon le premier observateur, la rame unique du dernier pléopode est petite, nodiforme, fixée loin de l'extrémité du basipodite qu'elle est loin d'atteindre (1). Au contraire, STEBBING décrit et figure soigneusement (2) une rame beaucoup plus considérable, dépassant la partie allongée du basipodite et munie de quatre longs poils. De même BOECK signale sur chaque côté des trois segments antérieurs du pléon un petit tubercule assez large, arrondi et conique, dont ne parlent pas les autres auteurs. N'ayant eu aucun exemplaire de cette espèce entre les mains, je me borne à attirer sur ce fait l'attention des naturalistes.

3. — Unciola planipes NORMAN.

1867. *Unciola planipes* NORMAN, Rep. of Deep sea Dredg. on the Coasts of Northumb. and Durh., Trans. Nat. Hist. of Northumb. and Durh., V. I, pl. VII, fig. 9-13.

(1) HANSEN, Oversigt over det vestlige Grönlands Fauna of Malakostrake Havkrebsdyr, p. 165, Taf. VI, fig. 5a.

(2) STEBBING, *loc. cit.*, p. 1171, pl. CXXXVIII, ur3.

(3) BOECK, *loc. cit.*, p. 637.

1868. *Unciola leucopes* Kroeyer, Spence Bate et Westwood, Brit. Sess. Eyed
Crust. II, p. 518.

1868. *Unciola planipes* Norman, Last Rep. on dredg. among the Shetland
Isles, p. 286.

1870. *Glauconome Kroeyeri* Boeck, Crust. Amph. Bor. et Arct., p. 179.

1870. *Glauconome Steenstrupii* Boeck, Crust. Amph. Bor. et Arct., p. 180 (♀ ?).

1876. *Glauconome Kroeyeri* Boeck, De Skand. og Arkt. Amphipoder, p. 639,
pl. xxx, fig. 1.

1876. *Glauconome Steenstrupii* Boeck, De Skand. og Arkt. Amph., p. 641 (♀ ?).

1882. *Unciola planipes* Norman, G.-O. Sars, Overs. of Norges Crust. Christ.
Vidensk. Selsk. Ferhandl, n° 18, p. 31.

18·2. *Unciola Steenstrupii* Boeck, G.-O. Sars. Overs. of Norges Crust., p. 31.

1887. *Unciola planipes* Norman, Chevreux, Crust. Amph. du S.-O. de la Bretagne, Bull. Soc. Zool. Fran., t. XII (p. 30
du tiré à part).

1887. *Unciola planipes* Norman, Hansen, Overs. ov. det. Vestl. Groenl. Faun.,
Vidensk. Meddel fra den Naturh. Foren. i
Kjobh., p. 167.

1888. *Unciola Steenstrupii* Boeck, Chevreux, Crust. Amph. du large de Lorient,
Bull. Soc. Zool. Franc., t. XIII, 28 février
(p. 2 du tiré à part).

Rostre frontal petit ; troisième article du pédoncule de l'antennule
très court, à peu près le tiers du second ; fouet accessoire plus petit
que le premier article du flagellum ; le propodite du premier péréiopode, avec un bord tranchant présentant une concavité vers le
milieu ; le deuxième péréiopode avec un carpopodite plus long que
le propodite qui ne forme pas de pince préhensile avec le dactylopodite. Rame du dernier pléopode garnie de longues soies et dépassant de beaucoup la partie lamelleuse du basipodite.

Il est vraisemblable que *Glauconome (Unciola) Steenstrupii* de
Boeck est bien, comme d'ailleurs il le croyait, la femelle de *Glauconome (Unciola) Kroeyeri* qui est identique à *Unciola planipes*,
mais aucun des naturalistes qui ont eu à leur disposition ces Amphipodes ne s'est préoccupé de cette question.

Distribution géographique : Côtes du Groënland, de Norvège,
d'Angleterrre et de France.

4. — Unciola petalocera G.-O. SARS.

1876. *Glauconome planipes* Norman? G.-O. SARS, Prod. descrip. Crust. et Pycnog. quæ in exp. Now. observ., Arch. f. Math. og Naturvid., n° 131.
1879. *Glauconome petalocera* G.-O. SARS, Crust. et pycnog. nov. exped. Norv. Archiv. for Math. og Naturvid., 4 de Bind., n° 40.
1885. *Unciola petalocera* G.-O. SARS, Den Norske Nordh. Exped. Zool. Crust., n° 68.

Le pénultième et l'antépénultième article du pédoncule de l'antenne inférieure du mâle sont extraordinairement élargis et aplatis et forment entre eux une articulation très mobile ; le propodite du deuxième péréiopode est allongé et quadrangulaire, il est de la même longueur que le carpe et son sommet est coupé suivant une ligne droite.

Distribution géographique : Océan glacial arctique.

5. — Unciola crassipes HANSEN.

1887. *Unciola crassipes* HANSEN, Overs, ov. det. vestl. Gronl. Fauna, Vidensk. Meddel. fra den Naturh. Foren i Kjobh., p. 165, Tab. VI, fig. 6 et 6*a*.

Rostre assez long, angle latéral de la tête tronqué. Yeux absents (?) Troisième article de l'antennule trois fois plus court que le second ; la pénultième et l'antépénultième article du pédoncule de l'antenne inférieure un peu comprimé. Premiers péréiopodes, courts, épais ; propodite un peu plus court que le carpopodite avec le tranchant subperpendiculaire ; basipodite du sixième pléopode formant une lame large, oblique, qui semble former une seconde rame, mais elle n'est pas séparée du basipodite par une membrane articulaire ; rame extérieure dépassant le sommet du pédoncule. Femelle inconnue.

Distribution géographique : Côtes occidentales du Groënland.

6. — Unciola laticornis HANSEN.

1887. *Unciola laticornis* HANSEN, Overs. ov. det. vestl. Gronl. Fauna, Vidensk. Meddel. fra den Naturh. Foren i Kjobh., p. 166, Tab. VI, fig. 7-7 *b*.

Rostre très court ; antennule......? ; antennes **inférieures** comme dans *U. petalocera*, mais l'article antépénultième du pédoncule a sa partie intéro-postérieure largement arrondie et ne faisant pas saillie. Propodite du deuxième péréiopode à peine plus court que le carpopodite, subrectangulaire, n'étant pas deux fois plus long que large. Le basipodite du dernier pléopode forme une lame assez large, oblique, dont l'angle postérieur dépasse l'extrémité du telson, et est orné d'une épine avec quelques soies ; la lame extérieure est insérée au milieu du côté externe du basipodite et est garnie d'une petite épine et de quelques longues soies. Femelle inconnue.

Distribution géographique : Côtes occidentales du Groënland.

Wimereux, 15 Août 1889.

EXPLICATION DES PLANCHES.

PLANCHE XII

Unciola crenatipalmata SPENCE BATE.

Fig. 1. — Femelle adulte vue de profil.

Fig. 2. — Tête, antennule et antenne vues de profil.

Fig. 3. — Fouet accessoire de l'antennule vu par la face interne.

Fig. 4. — Segment céphalique vu par la face dorsale.

Fig. 5. — Mandibule (*m d*) avec le palpe (*p*) et lèvre supérieure (*l*), *in situ* et vues par la face ventrale.

Fig. 6. — Lèvre inférieure.

Fig. 7. — Première maxille.

Fig. 8. — Deuxième maxille.

Fig. 9. — Maxillipède vu par la face postérieure.

Les figures 5, 7, 8 et 9 sont dessinées au même grossissement.

Fig. 10. — Lames du basipodite et de l'ischiopodite du maxillipède vues par la face antérieure.

Fig. 11. — L'un des trois premiers pléopodes.

Fig. 12. — Épines internes du basipodite des trois premiers pléopodes.

PLANCHE XIII.

Fig. 1. — Premier péréiopode de la femelle.

Fig. 2. — Derniers articles du premier péréiopode de la femelle.

Fig. 3. — Derniers articles du premier péréiopode du mâle.

Fig. 4. — Deuxième péréiopode de la femelle.

Fig. 5. — Troisième péréiopode de la femelle.

Fig. 6. — Quatrième péréiopode de la femelle.

Fig. 7. — Cinquième péréiopode de la femelle.

Fig. 8. — Sixième péréiopode de la femelle.

Fig. 9. — Septième péréiopode de la femelle.

Les fig. 1 et 4 à 9 sont dessinées au même grossissement.

Fig. 10. — Articulation du septième péréiopode du mâle vue par la face interne : c, coxopodite ; b, basipodite ; p, pénis.

Fig. 11. — Les trois derniers pléopodes droits, vus par la face dorsale.

Fig. 12. — Le sixième pléopode vu par la face ventrale.

Lille Imp. L. Danel.

BULLETIN SCIENTIFIQUE

COLLECTION DES PREMIÈRES SÉRIES

(En vente chez O. DOIN, Éditeur, 8, place de l'Odéon, Paris).

PREMIÈRE SÉRIE,

Dirigée par MM. GOSSELET, DESPLANQUE et DEHAISNE.

Prix :

Tome I.	— 1869	(Quelques volumes).	10 fr.
» II.	— 1870	(Épuisé).	
» III.	— 1871	Id.	
» IV.	— 1872	Id.	
» V.	— 1873	(Quelques volumes).	10 fr.
» VI.	— 1874	Id.	—
» VII.	— 1875	Id.	—
» VIII.	— 1876...	(Épuisé)	
» IX.	— 1877	Id.	

DEUXIÈME SÉRIE,

Dirigée par ALFRED GIARD

Tome X.	— 1878....	(Épuisé).	
» XI.	— 1879........................	Id.	
» XII.	— 1880...	8 fr.
» XIII.	— 1881	—
» XIV.	— 1882...	—
» XV.	— 1883	—
» XVI.	— 1884-85...	—
» XVII.	— 1886............... (Quelques volumes).	15 fr.
» XVIII.	— 1887 .... Id.	—

TROISIÈME SÉRIE,

Dirigée par ALFRED GIARD.

Tome XIX.	— 1888...	20 fr.
» XX.	— 1889	
» XXI.	— 1889	—

Lille Imp. L.Danel.

BULLETIN SCIENTIFIQUE

DE LA FRANCE

ET DE LA BELGIQUE.

PUBLIÉ PAR

Alfred GIARD,

Chargé de cours à la Sorbonne (Faculté des Sciences),
Maître de Conférences à l'École Normale Supérieure.

(EXTRAIT DU TOME XXII).

LES AMPHIPODES DU BOULONNAIS

(Deuxième article),

PAR

JULES BONNIER.

PARIS,

OCTAVE DOIN, Éditeur,

8, Place de l'Odéon, 8

1890

(Sorti des presses le 28 mai 1890)

BULLETIN SCIENTIFIQUE
DE LA FRANCE ET DE LA BELGIQUE.

SOMMAIRE :

PRIX DE L'ABONNEMENT :

Pour la France et l'Étranger, un volume, **20 FRANCS.**

L'abonnement est payable après la livraison de chaque volume.

Adresser tout ce qui concerne la Rédaction à Messieurs

Alfred GIARD, 14, rue Stanislas,

Jules BONNIER, 75, rue Madame, } **Paris.**

XI.

LES AMPHIPODES DU BOULONNAIS.

II.

MICROPROTOPUS MACULATUS NORMAN,

III.

CRESSA DUBIA SPENCE BATE,

PAR

JULES BONNIER.

PARIS,

Octave DOIN, Éditeur,

8, Place de l'Odéon, 8

1890

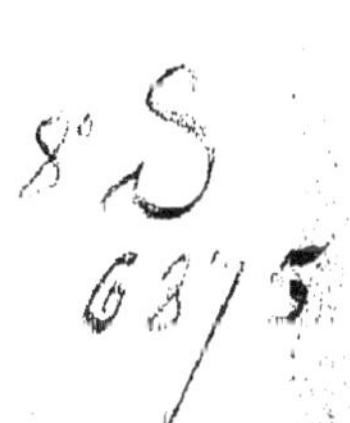

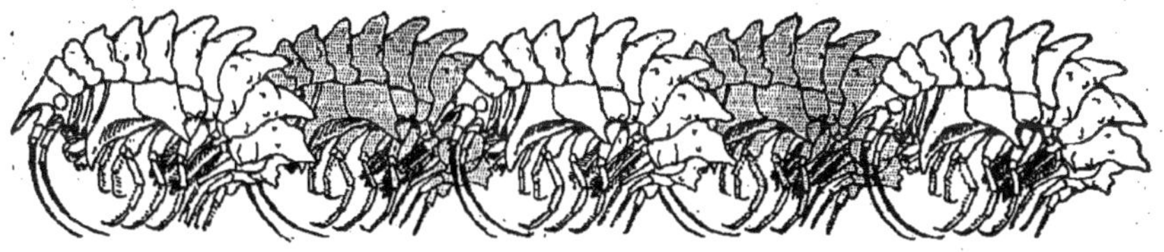

LES AMPHIPODES DU BOULONNAIS (1).

It is only by dissecting and mounting
the organs of the Amphipoda that their
structure can be fully and properly seen.

A. M. NORMAN , *Ann. and Mag. of
Nat. Hist.*, 1889, p. 445.

Planches VIII-X.

II.

MICROPROTOPUS MACULATUS NORMAN.

Le *Microprotopus maculatus* est, comme l'a fait remarquer
NORMAN (2) qui le découvrit, l'un des plus petits Amphipodes que
l'on puisse trouver sur les côtes européennes : le mâle figuré
Pl. VIII, fig. 1, mesurait du rostre au telson $1^{mm},4$ et la femelle
(Pl. IX, fig. 1), un peu plus grande, mesurait $1^{mm},9$. L'animal vivant
a une teinte générale d'un jaune pâle sur laquelle tranchent
vivement des taches brunes ramifiées qui lui ont valu son nom :
elles sont formées par des chromatoblastes qui sont surtout très

(1) Voir : Les Amphipodes du Boulonnais, I, *Unciola crenatipalmata* SPENCE BATE,
Bulletin scientifique, T. XX, p. 373, Pl. X-XI, 1889.

(2) NORMAN, Report of the thirty sixth Meeting of the British Ass. for Adv. of
Science, Nottingham, p. 203, et On Crust. Amph. new to science or to Britain, *Ann.
and Mag.*, 4º sér., vol. II, p. 419, Pl. XXIII, fig. 7-11.

nombreux et très apparents sur les premier, quatrième et septième somites thoraciques et sur le troisième segment pléal.

Comme le dismorphisme sexuel est très accentué, nous commencerons par décrire complètement le *mâle adulte*, puis nous noterons les différences qui caractérisent l'autre sexe.

Le *segment céphalique* forme entre les antennules un rostre médiocre, obtus, et latéralement, entre les insertions des deux paires d'antennes, deux lobes arrondis où se trouvent les yeux formés d'une quinzaine de cristallins d'un rouge cramoisi sur le vivant. *L'antenne interne* ou *antennule* est courte et ne dépasse pas en longueur le segment céphalique et les deux premiers du péreion ; le pédoncule est formé de trois articles dont le proximal est le plus solide ; sur le troisième s'insère le flagellum formé d'environ cinq articles diminuant d'importance jusqu'au dernier et portant tous sur leur bord inférieur de longs poils sensitifs transparents et en outre quelques petites soies raides. Le fouet accessoire (Pl. VIII, fig. 1, *f*) inséré sur l'extrémité du pédoncule et sur la face interne du premier article du flagellum, n'en dépasse guère la moitié de la longueur ; il est biarticulé, mais le dernier article montre une tendance à se diviser en deux ; il est terminé par un bouquet de soies raides.

L'antenne inférieure est à peu près de la même dimension que l'antennule ; le premier article du pédoncule, celui au niveau duquel ébouche la glande antennale, est suivi d'un article trapu, à peu près aussi large que long, constitué par la réunion des 2e et 3e articles de l'antenne typique des Malacostracés ; l'article suivant est plus long que le cinquième ; le fouet, très court, se compose de trois articles dont le dernier est très réduit : ces divers articles sont garnis de quelques poils n'offrant rien de particulier.

Sous le rostre, entre les deux antennes inférieures, se trouve la *lèvre supérieure* (Pl.IX, fig. 2, *ls*) qui a la forme d'un écusson élargi, presque rectiligne antérieurement, et arrondi à sa partie inférieure ornée de deux soies symétriques. La *mandibule* (Pl.IX, fig. 3) est armée d'une forte dent située au-dessus du *processus accessorius*. Entre celui-ci et la partie masticatoire qui est assez réduite, se trouvent quatre à cinq poils aplatis dont le tranchant supérieur est découpé en fins denticules. La palpe se compose de trois articles de même longueur dont le dernier est terminé par

quelques poils plumeux. La *lèvre inférieure* (fig. 2, *li*) est formée
de deux lames ovalaires réunies sur la ligne médiane et de deux
lames externes, libres, plus écartées et terminées latéralement par
une crête obtuse : les bords supérieurs de ces deux paires de lamelles sont garnis de poils drus.

La *première maxille* (Pl. IX, fig. 4) est formée, comme d'ordinaire, de trois lacinies : la lacinie externe (palpe des auteurs) est
bi-articulée ; l'article distal allongé se termine par un bord tranchant armé de quatre denticules pointus, la lacinie interne **a**, à peu
près, la même forme, mais porte à son extrémité libre huit poils
aplatis et barbelés. La *lacinia fallax* est très réduite et garnie de
deux soies simples. La *deuxième maxille* (fig. 5) présente la forme
ordinaire ; les bords libres des deux lacinies sont armés de soies
plumeuses.

Le *maxillipède* (Pl. IX, fig. 6) est constitué par sept articles : le
premier (*c*) est soudé à l'article correspondant de l'appendice symétrique pour former la base commune ; le basipodite (*b*) forme intérieurement une lamelle aplatie bordée de quelques denticules ; l'ischiopodite (*i*) a la même forme, son bord interne présente également
une série de dix soies dont les six premières sont transformées en
denticules ; la face interne de ces deux lames est recouverte de
poils régulièrement disposés. Le méropodite (*m*) est très court et
le carpopodite (*c*) deux fois plus long que le propodite (*p*) ; enfin
l'appendice se termine par un dactylopodite (*d*) armé d'une dent
aiguë. Ces différentes parties sont ornées de poils plumeux qui
forment, en particulier, une ligne régulière sur la partie médiane
de la face externe du deuxième au cinquième article.

Le *premier péreiopode* (Pl. VIII, fig. 2) possède une lame coxale
ou épimère (*c*) qui vient recouvrir latéralement tous les appendices
buccaux et la base de l'antenne inférieure ; cette lame est régulièrement arrondie et garnie sur son bord inférieur de quelques soies
rigides. Le basipodite est allongé, tandis que les deux articles qui
suivent sont très réduits ; le carpopodite, aussi long que le basipodite,
est garni sur son bord inférieur d'une rangée de longs poils plumeux très régulièrement disposés et semblables à ceux qui sont
implantés sur les deux articles précédents. Le propodite est à peu
près rectangulaire et un peu plus long que le carpodite ; son bord
tranchant est garni de quelques petites soies courtes et sa face interne

de six longues soies plumeuses. Le dactylopodite est plus long que la paume du propodite : c'est une griffe acérée dont le bord inférieur présente une dent accessoire.

Le *deuxième péreiopode* a une forme tout à fait spéciale et des dimensions considérables qui caractérisent au premier examen la forme mâle, comme on en peut juger sur la fig. 1 de la Pl. VIII (pt^2). Le coxopodite est aussi long que celui du premier appendice thoracique, mais sa forme est plus rectangulaire et son bord libre ne présente que quelques poils. A la face intérieure s'insère la branchie qui est aussi longue que le basipodite ; celui-ci est allongé et creusé sur sa face antérieure d'une gouttière destinée à recevoir l'extrémité distale de l'appendice quand celui-ci se replie sur lui-même ; l'ischiopodite est très court, ainsi que la méropodite ; le carpopodite est aussi très court, mais il devient très large pour embrasser toute la base de l'énorme article qui le suit. « It receives the hand into a sort of cup or segment of a cup » dit STEBBING (1) en décrivant ce même appendice. Les prolongements de ces deux derniers articles portent, comme dans le péreipode précédent, des bouquets de longs poils plumeux. Le propodite est aussi long que les cinq articles qui le précèdent. Chez le mâle adulte il est à peu près régulièrement rectangulaire ; son bord inférieur présente trois dents solides dont les deux premières sont plus aiguës que la troisième qui est obtuse et arrondie. Chez le mâle jeune, le propodite est moins considérable et ne présente pas la première dent, celle qui avoisine l'insertion proximale de l'article : sur un nombre suffisant d'exemplaires de tout âge, il est facile de trouver tous les passages entre l'article n'ayant encore que son bord tranchant à peine creusé et ceux qui présentent deux et trois dents plus ou moins accentuées. Entre ces diverses dents et sur le bord opposé sont implantées de longues soies plumeuses analogues à celles qui garnissent le carpopodite. Le dactylopodite a la forme d'une griffe puissante s'étendant jusqu'à la base de la première dent du propodite.

Le *troisième péreiopode* (pt^3) a un coxopodite qui, extérieurement, forme un épimère allongé, bordé de quelques poils, et intérieurement donne insertion à une lame branchiale presque aussi longue

---

(1) STEBBING , Amphipodous Crustacea , a new Species and some thems of Description and Nomenclature, *Ann. and Mag. of Nat. Hist.*, séries IV, vol. XIV, p. 18, 1874.

que le basipodite. Celui-ci est beaucoup plus large que dans les appendices précédents, il a une forme à peu près ovalaire et est rempli par les grosses glandes si développées dans la plupart des *Corophiidæ* et si bien étudiées par NEBESKI (1). L'ischiopodite est court, le méropodite s'élargit antérieurement ; les deux articles suivants sont allongés et le dernier a la forme d'une griffe. Le *quatrième péreiopode* est presque identique au précédent, le méropodite est seulement un peu moins large et le propodite un peu plus allongé.

La lame coxale du *cinquième péreiopode* présente une échancrure qui la divise en deux parties dont l'antérieure seule est garnie de quelques soies. Le basipodite est très large, très aplati et de forme presque circulaire ; son bord antérieur présente près de l'insertion de l'article suivant de longs poils plumeux ; le bord postérieur en présente également une série, mais ceux-ci sont plus petits. L'ischiopodite est court ; les trois articles suivants sont allongés, le méropodite est le plus large et le carpopodite le plus long : ce dernier présente sur son bord interne trois dents régulièrement espacées ; le dactylopodite constitue une petite griffe courte.

Les *sixième* et *septième péreiopodes* (Pl. VIII, fig. 3) sont à peu près semblables au cinquième ; le coxopodite diffère seul en ce qu'il est beaucoup plus réduit : il a la forme d'une petite plaque carrée dont le bord postérieur est orné de soies courtes ; le basipodite est moins large. A la face interne du coxopodite de la septième patte, on trouve, à côté d'une lamelle branchiale (*br*) très réduite, le pénis (*p*) qui a la forme d'un petit tube portant à son extrémité l'ouverture génitale.

Les trois premiers segments du pléon (fig. 5) sont en tous points semblables, le troisième seul est plus large que ceux qui le précèdent ; leur bord postérieur est arrondi et présente deux soies courtes insérées dans de petites échancrures. Les trois premiers pléopodes (fig. 4) sont semblables : le basipodite est rectangulaire et est armé à l'angle inférieur et interne des deux petits appendices chitineux et barbelés servant à régulariser le mouvement des pléopodes ; l'exopodite est assez court et composé de sept articles ;

---

(1) NEBESKI, Beiträge zur Kenntniss der Amphipoden der Adria. *Arb. a. d. Zool. Inst. z. Wien*, T. III, Heft. II, p. 111.

l'endopodite n'en compte que cinq et sur le bord interne du premier on remarque trois poils différant des grandes soies plumeuses qui garnissent les rames : ce sont trois poils couverts de cils très fins et qui se terminent par une extrémité renflée.

Les trois somites suivants du pléon (Pl. VIII, fig. 5 et 6) diminuent de longueur du premier au dernier ; le quatrième pléopode (pl^4) a un basipodite robuste terminé par deux rames armées de dents solides ; l'appendice suivant est plus court, et enfin le dernier (pl^6) est constitué par un pédoncule court et épais que surmonte *un seul article* terminé par deux dents et une soie unique.

Le *telson* (t) est court, entier, et porte deux paires de petites soies rigides.

Sauf la forme du deuxième péréipode, la femelle de *Micropro-topus maculatus* ne diffère du mâle que par les organes sexuels ; on peut remarquer seulement que les longs poils sensoriels qui, chez le mâle, garnissent tous les articles du flagellum de l'antennule n'existent plus chez la femelle qu'au nombre de deux ou trois insérés à l'extrémité de l'appendice.

Les oostégites (Pl. IX, fig. 10, *oos.*), au nombre de huit, forment une cavité incubatrice qui contient en moyenne une dizaine d'œufs ; ils sont insérés sur les 2e, 3e, 4e et 5e péreiopodes. C'est à la base de la dernière lamelle incubatrice (fig. 10, *o.*), à la face interne du coxopodite du 5e péreiopode, que débouche l'oviducte.

Le *deuxième péreiopode* (Pl. IX, fig. 8 et 9) de la femelle a une forme tout à fait différente de celle que nous avons décrite chez le mâle ; les trois premiers articles sont semblables dans les deux sexes. Chez la femelle, le méropodite (*m*) forme à la face interne de l'appendice une lame située sous l'article suivant et garnie sur son bord libre d'une rangée de longs poils. Le carpopodite (*c*), très étroit à sa base, s'élargit en éventail et est également garni de longs poils sur tout son bord antérieur qui n'est pas occupé par l'insertion du propodite (*p*); une rangée oblique de ces mêmes poils est située sur la face interne. Le propodite est beaucoup plus allongé que les deux articles précédents, mais il est très étroit dans toute sa longueur et même s'atténue à son extrémité distale ; son bord antérieur est garni de longues soies, tandis que son bord postérieur ne présente que trois poils près de l'extrémité. Le dactylopodite (*d*) est très court et, à cause de la forme du propodite, ne peut former avec lui une pince préhensile. Tous les poils qui garnissent ces derniers articles sont très longs et plumeux.

La première description de *Microprotopus maculatus* fut donnée par Norman en 1866 dans une liste des Crustacés, Echinodermes, Bryozoaires, Actiniaires et Hydraires des côtes anglaises communiquée à *British Association for the Advancement of Science* (Session de Nottingham). Ce petit Amphipode avait été trouvé à Tobermory, dans l'île de Mull, en juillet 1866. La description du savant carcinologiste anglais est très exacte et très précise ; il insiste particulièrement sur le dimorphisme sexuel et décrit soigneusement les deuxièmes péreiopodes dans les deux sexes, sauf peut-être en ce qui concerne la forme du propodite chez la femelle. L'année suivante, Norman (1) reprit dans un article sur « les Amphipodes nouveaux pour la science ou pour l'Angleterre » sa première diagnose en l'accompagnant de quelques figures représentant les deux premières paires de péreiopodes dans les deux sexes et les derniers pléopodes. En 1874, dans le premier mémoire qu'il écrivit sur les Amphipodes (2), Stebbing ajouta quelques détails aux descriptions de Norman ; il donna une figure de l'ensemble du mâle et des deux premiers péreiopodes d'après des exemplaires trouvés à Torbay.

Boeck (3) retrouva le *Microprotopus* sur les côtes scandinaves et le décrivit de nouveau dans son grand travail sur les Amphipodes arctiques ou scandinaves. Ses figures sont exactes sauf celle du deuxième péreiopode de la femelle qu'il décrit de la façon suivante : « manu feminæ quadrangulari, in acie obliquè truncata et parum sinuata ». Ce même appendice chez le mâle est figuré et décrit d'après un exemplaire jeune, car il n'a qu'une seule dent (4), caractère que

(1) Norman, On Crustacea Amphipoda new to Science or to Britain, *Ann. and Mag.* IV séries, vol. II, 1868, p. 419, Pl. xxiii, fig. 7-11.

(2) Stebbing, Amphipodous Crustacea. A new species, and some items of Description and Nomenclature, *Ann. and Mag.*, sér. IV, vol. 14, 1874, p. 13, Pl. ii, fig. 5, 5*a*-5*b*.

(3) Boeck, De Skand. og Arkt. Amphip., p. 559, P. xxvi, fig. 3.

(4) Manu maris permagna, oblonga, ovata, in exteriore tertia parte aciei dente magno obtuso instructa (*loc. cit.*, p. 559).

Norman avait déjà signalé comme appartenant au mâle jeune, l'adulte possédant deux et trois dents sur le propodite. De plus, le telson est obtus et non « in margine posteriore triangulariter sinuata ».

Hoek (1) trouva, sur la côte hollandaise, deux petits exemplaires mâles de cette espèce qu'il considéra comme nouvelle et qu'il appela *Orthopalame Terschellingi* et qu'il rapprocha des *Corophidæ* et plus particulièrement des *Podoceridæ*. La description et les figures également très soignées qu'il donna de son espèce ne laissent aucun doute sur leur identification avec le *Microprotopus maculatus*. Hoek (2) vient d'ailleurs de le reconnaître lui-même en réunissant les deux espèces dans son dernier travail sur les Crustacés de la Hollande.

Quand je retrouvai cette espèce sur les côtes du Pas-de-Calais après l'avoir déterminée comme *M. maculatus* Norman, je la comparai avec les exemplaires de *M. longimanus* Chevreux (3) que le zoologiste du Croisic venait de décrire et qu'il avait eu l'amabilité de m'envoyer. Je ne pus trouver aucune différence entre les deux types et pour faire cesser mon incertitude, j'eus recours au Rév. Norman à qui je demandai quelques exemplaires de son espèce. Avec son obligeance habituelle, le savant carcinologiste voulut bien m'envoyer quelques-uns des spécimens-types trouvés à Tobermory en 1867 et sur lesquels il avait établi son espèce, et d'autres encore, trouvés également par lui à l'île d'Herm. Dans la lettre qui accompagnait son envoi, il m'écrivait qu'à son avis *M. longimanus* Chevreux et *Orthopalame Terschellingi* Hoek devaient rentrer dans la synonymie de *M. maculatus*.

L'examen attentif des exemplaires types de l'espèce de Norman et des exemplaires de Chevreux ne me laisse aucun doute à cet égard et ceux qui voudront comparer les dessins et la des-

(1) Hoek, Carcinologisches, grössentheils gearbeitet in der Zoologischen Station der Niederländischen zoologischen Gesellschaft, *Tijdschr. d. Ned. Dierk. Vereen*, Deel IV, 1879, p. 123, Taf. IX, fig. 4-7.

(2) Hoek, Crustacea neerlandica. Nieuw Lijst van tot de Fauna van Nederland behoorende Schaaldieren, II, *Tijdschr. d. Ned. Dierk. Vereenig.* 2, Deel II, 1889, p. 55.

(3) Chevreux. Crustacés amphipodes marins du S.-O. de la Bretagne, *Bulletin de la Société zoologique de France pour l'année 1887*, p. 24 (du tiré à part), Pl. v, fig. 5-10 et fig. 5 du texte).

cription de ce dernier avec ma propre description et les figures des Planches VIII et IX, partageront cette manière de voir. Ce qui a pu tromper CHEVREUX, c'est que jusqu'ici il a été le seul à bien se rendre compte de la forme du deuxième péreiopode de la femelle. « Chez la femelle, écrit-il, le cinquième article (propodite) ne porte pas de dents, il est extrêmement long et diminue régulièrement de largeur jusqu'à la griffe (dactylopodite) ; le quatrième article (carpopodite) se termine par un grand talon arrondi et garni de longues soies ciliées ; le troisième article (méropodite) est aussi prolongé inférieurement et garni de soies simples » (1).

On voit que cette description diffère totalement de celle de BOECK : « manu feminæ quadrangulari, in acie oblique truncata et parum sinuata ». Celle de CHEVREUX: « apud feminam carpo calcem validam, setis longis plumosis instructam, emittente ; manu longissima, angusta » correspond bien mieux à la réalité (voir Pl. IX, fig. 9) ; il est évident que le naturaliste norwégien a pris pour la femelle un jeune mâle n'ayant pas encore le propodite caractéristique de l'adulte.

Selon NORMAN, la place qui doit être assignée au genre *Microprotopus* dans la classification est très voisine de celle des *Microdeuteropus* dont il ne diffère que parce que le deuxième péreiopode est plus large que le premier, ce qui est le contraire de ce que l'on voit chez *Microdeuteropus* et que parce que la troisième paire d'uropodes(sixième pléopode) n'a qu'une seule rame (2).

BOECK divise la famille des *Photidæ* en trois sous-familles *Leptocheirinæ, Pholinæ*, et *Microdeutopinæ* et place le genre *Microprotopus* dans la seconde avec les genres *Photis* et *Xenoclea*. Les rapprochements entre ces trois genres sont tout à fait artificiels : *Xenoclea*, d'après STEBBING, doit être considéré comme synonyme de *Podoceropsis* et par conséquent doit rentrer dans la troisième sous-famille ; chez *Photis* le flagellum accessoire de l'antennule n'existe pas, le carpopodite du premier péreiopode est court, les

---

(1) En réalité, les soies du méropodite sont ciliées et en tout semblables à celles des deux articles suivants (voir Pl. IX, fig. 9).

(2) *Loc. cit.*, p. 419.

basipodites des troisième et quatrième péreiopodes sont étroits, et le dernier pléopode possède deux rames tandis que c'est tout le contraire qui a lieu chez *Microprotopus*. STEBBING (Report on the Amphipoda collected by H. M. S. *Challenger*, p. 1062) a d'ailleurs justement critiqué cette partie de la classification de BOECK.

La place assignée d'abord par HOEK à son espèce *Orthopalame Terschellingi* me semble bien plus juste : il la met parmi les *Corophidæ* en se basant sur l'existence des glandes du basipodite des troisième et quatrième péreiopodes ; ces glandes, étudiées par S. I. SMITH (1), NEBESKI (2) et HOEK (3), caractérisent, en effet, un groupe naturel et sont en rapport avec le genre de vie des animaux qui le composent ; ce sont elles qui sécrètent le mucus nécessaire à la confection des tubes ou servant à tapisser les retraites où vivent ces animaux.

Quoique nous n'ayons encore aucun renseignement précis sur l'éthologie de l'Amphipode qui nous occupe, il est, pour moi, bien certain qu'il vit comme les *Corophium*, les *Erichtonius*, les *Podocerus*, etc., dans de petits tubes de vase, dans les anfractuosités des pierres ou encore dans les creux formés par les racines des algues et des Hydraires. Je l'ai trouvé dans le Boulonnais avec *Atylus Schwammerdamii* M. EDWARDS, *Erichtonius difformis* M. EDW., *Melita obtusata* MONTAGU rapportés par la drague avec des touffes d'*Antennularia* dont la base sert de refuge à tant de petits animaux ; mais ce qui est rapporté par le moyen brutal de la drague ne peut être facilement étudié au point de vue éthologique et nous en sommes réduits aux conjectures basées sur les similitudes morphologiques ou physiologiques.

GERSTÆCKER (4), qui ne fait que citer le genre *Microprotopus*, le place à la suite des *Corophidæ*.

J'ai indiqué, dans un précédent article (5), pour quelles raisons

(1) S.-I. SMITH, *Transactions of the Connecticut Academy*, vol. IV, 1880, p. 268.

(2) NEBESKI, Beitrage zur Kenntniss der Amphipoden der Adria, *Arb. a. d. Zool. Int. z. Wien*, III, H. 2, p. 111.

(3) HOEK, *loc. cit.*, p. 126.

(4) GERSTÆCKER, Bronn's Klassen und Ordnungen des Thier-Reichs, Arthropoda 16 et 17 Lief., 1886, p. 497.

(5) J. BONNIER, Les Amphipodes du Boulonnais, I, *Unciola crenatipalmata* SPENCE BATE, *Bull. scientif.*, T. XX, 1889, p. 373.

morphologiques je faisais rentrer la famille des *Microprotopidæ* dans l'ensemble des *Corophina*. Cette femelle est déterminée, selon moi, par les caractères suivants : *Amphipodes avec le pléon bien développé garni de six paires de pléopodes dont la dernière seulement ne présente qu'un exopodite, maxillipède normal dont le basipodite et l'ischiopodite se prolongent en lamelles vers l'intérieur, mandibule avec une palpe de trois articles, coxopodites des cinq premières paires de péreiopodes larges.*

Ces caractères ne s'appliquent jusqu'ici qu'à deux genres qui constituent toute la famille : le genre *Microprotopus* NORMAN et le genre *Grimaldia* CHEVREUX (1).

Dans ces deux genres, en effet, les caractères ci-dessus énoncés se trouvent réalisés ; de plus, « le bord inférieur du troisième segment abdominal se prolonge fortement en arrière et forme, avec le bord postérieur, un lobe arrondi à l'extrémité (CHEVREUX) ».

Les antennes sont égales et assez courtes, le pédoncule de l'antennule étant plus long que le flagellum ; ce dernier dans l'antenne inférieure ne comprend que trois articles. Seulement chez *Grimaldia armata* la première paire de péreiopodes possède un propodite présentant inférieurement « un prolongement digité, à extrémité crochue avec lequel la griffe, forte et recourbée, se croise. » Le caractère est encore plus accentué dans le deuxième péreiopode qui rappelle le même appendice chez *Pontocrates haplocheles* GRUBE. Enfin, derniers caractères qui différencient *Grimaldia* de *Microprotopus* à première vue, les cinquième et sixième segments du pléon sont soudés et l'antennule n'a pas de fouet accessoire.

Les lignes qui précèdent nous permettent donc d'établir les diagnoses du genre et de l'espèce de la façon suivante :

Genre **MICROPROTOPUS** NORMAN.

1867. *Microprotopus* NORMAN , Report of the thirty sixth Meeting of the British Association for advancement of Science, Nottingham, p. 203.

---

(1) CHEVREUX, Amphipodes nouveaux provenant des campagnes de l'*Hirondelle*, *Bulletin de la Société zoologique de France*, T. XIV, 1889, p. 284.

1879. *Orthopalame* Hoek, Carcinologisches, Tijdschr. d. Ned. Dierk. Vereen, Deel IV, p. 123.

Corps déprimé ; antennule courte avec le pédoncule plus long que le flagellum et *munie d'un fouet accessoire bi-articulé* ; mandibules munies *d'un palpe triarticulé* ; lèvre supérieure en forme d'écusson , terminée en pointe obtuse inférieurement ; lèvre inférieure large formée de deux paires de lamelles ; premières maxilles avec une lacinie externe bi-articulée, une lacinie interne et une *lacinia fallax* presque rudimentaire ; secondes maxilles formées de deux lacinies ; maxillipède dont *le basipodite et l'ischiopodite se prolongent en lames*, les autres articles de l'endopodite normalement développés ; *les coxopodites des cinq premiers peréiopodes largement développés ;* le premier péreiopode plus petit que le second ; les trois derniers segments du pléon qui sont *libres* portent trois paires de pléopodes dont le dernier est *uniramé* ; telson simple, squamiforme.

Ce genre ne renferme qu'une seule espèce :

Microprotopus maculatus Norman.

1867. *Microprotopus maculatus* Norman, Report of the thirty sixth Meeting of the British Association for the Advancement of Science, Nottingham, p. 203.
1868. *Microprotopus maculatus* Norman, On Crust. Amph. new to Science or to Britain, Ann. and Mag., 4° sér., vol. 2, p. 419, Pl. xxiii, fig. 7-11.
1870. *Microprotopus maculatus* Norman Boeck, Crust. Amph. et Art., p. 151.
1874. *Microprotopus maculatus* Norman Stebbing , Amph. Crust. Ann. and Mag., 4° sér., vol. 14, p. 13, Pl. ii, fig. 5, 5a-5b.
1876. *Microprotopus maculatus* Norman Boeck, De Skand. og Ark. Amphip., p. 559, Pl. xxvi, fig. 3.
1877. *Microprotopus maculatus* Norman Meinert, Crust. Isop. Amph. et Dec. Daniæ, Naturh. Tidssk. II Bd., 3 R., p. 143.
1879. *Orthopalame Terschellingi* Hoek , Carcinologisches, Tijdschr. d. Ned. Dierk. Vereen, Deel IV, p. 123, Pl. ix, fig. 4-7.
1880. *Microprotopus maculatus* Norman Nebeski, Beiträge zur Kenntniss der Amphipoden der Adria, Arb. aus dem Zool. Inst., T. III, H. 2, p. 155.

1882. *Microprotopus maculatus* Norman G.-O. SARS , Oversigt. af Norges
        Crustaceer, Vid. Selsk. Forh., n° 18, p. 30.
1887. *Microprotopus maculatus* Norman CHEVREUX, Cat. des Crust. Amph. du
        Sud-Ouost de la Bretagne, Bull. Soc. Zool. de
        France, T. XII (p. 24 du tiré à part).
1887. *Microprotopus longimanus* CHEVREUX, Cat. des Crust. Amph. du Sud-
        Ouest de la Bretagne, Bull. Soc. Zool. de
        France, T. XII, p. 24, Pl. 5, fig. 5-10 et fig. 5
        du texte.
1888. *Microprotopus maculatus* Norman BARROIS, Crust. marins des Açores,
        p. 50.
1889. *Microprotopus maculatus* Norman HOEK , Crustacea Neerlandica II.,
        Tijdschr. der Nederl. Dierk. Vereenig., n° 95,
        p. 55.

Le fouet accessoire de l'antennule est bi-articulé et plus petit que
le premier article du flagellum ; le premier peraiopode a le carpopodite aussi long que le propodite qui est élargi à son extrémité distale ; le deuxième péreiopode diffère fortement dans les deux
sexes : chez le mâle le carpopodite s'évase pour embrasser l'insertion du propodite qui est long, rectangulaire et présente sur son
bord tranchant une, deux ou trois fortes dents selon l'âge de l'individu, le dactylopodite est très long et puissant ; chez la femelle, le
méropodite s'allonge à la face interne en une lame garnie d'une
rangée de longues soies plumeuses, le carpopodite s'évase, devient
très large à son extrémité distale qui est garnie de ces mêmes soies ;
le propodite est allongé, étroit et très long, le dactylopodite a la
forme d'une griffe courbe et courte.

Distribution géographique : Côtes anglaises, à Tobermory, île de
Mull (NORMAN), Torbay (STEBBING) ; côtes scandinaves (BOECK, G. O.
SARS) ; côtes danoises (MEINERT) ; mer du Nord, côtes de Hollande
(HOEK) ; côtes françaises, Pas-de-Calais (BONNIER), Villers-sur-Mer
(CHEVREUX), Herm (NORMAN), Le Croisic, Piriac, Arcachon (CHE-
VREUX) ; Archipel des Açores (BARROIS) ; Adriatique (NEBESKI).

III.

CRESSA DUBIA SPENCE BATE.

L'Amphipode qui fait l'objet de cette note est très rare dans le Boulonnais, le seul point des côtes françaises où il ait été signalé jusqu'ici. Je n'en ai trouvé qu'un seul exemplaire, un mâle, dans un dragage aux Platiers, au large du Portel, qui avait rapporté un grand nombre d'*Erichtonius difformis* MILNE EDWARDS. J'ai pu compléter mon étude grâce à l'obligeance de mon ami BÉTENCOURT qui a mis à ma disposition trois autres exemplaires de cette espèce, deux mâles et une femelle, dragués dans la mer du Nord, au large de Newcastle et rapportés dans des touffes d'*Eudendrium capillare* ALDER et de *Thuiaria thuya* L.

C'est un animal de très petite taille : l'exemplaire figuré Pl. X, fig. 1, mesurait 1^{mm},6. Les autres individus variaient entre 1^{mm},4 et 2^{mm}. Dans sa position ordinaire, l'animal prend l'attitude habituelle des Amphipodes de la famille des *Stenothoinœ* à laquelle il appartient : il se recourbe sur lui-même en rapprochant ses deux extrémités l'une vers l'autre et en rentrant ses appendices sous sa face ventrale de façon à les protéger grâce au grand développement des plaques coxales des 2e, 3e et 4e péreiopodes.

Le *segment céphalique* (Pl. X, fig. 2) a une forme très caractéristique : son bord antérieur se prolonge entre les insertions des antennules en un petit rostre obtus, très réduit ; latéralement, entre les insertions des deux paires d'antennes, il s'avance pour former une large dent qui se rétrécit brusquement vers son extrémité ; sous cette première dent, juste au-dessus de l'insertion de l'antenne inférieure, on en voit une autre plus petite, puis le bord latéral, légèrement ondulé, remonte à angle obtus vers l'insertion du premier péreiopode. De chaque côté, au niveau de la grande dent latérale, se trouve un œil rouge, composé d'une trentaine de cristallins pyriformes disposés sur trois cercles concentriques.

L'*antennule* (*an*[1]) dépasse en longueur la moitié de l'animal : le pédoncule est formé de trois articles dont le proximal est de beaucoup le plus long et le plus large : il porte vers le tiers inférieur trois soies plumeuses. Le deuxième article qui est moitié plus petit se termine, à sa partie interne, par une large dent pointue, à bords finement crénelés et qui atteint la moitié du troisième article du pédoncule : ce prolongement n'est visible que quand on examine l'antennule par sa face interne. STEBBING (1) a parfaitement remarqué ce caractère : « In the penultimate joint of the upper antennæ, écrit-il, the distal extremity is produced into a sharp point on the inner side ». Dans la figure qu'il donne de l'ensemble (Pl. XIV, fig.2) il représente les deux antennules, l'une par sa face externe, l'autre par sa face interne, pour bien mettre en évidence ce caractère. Dans les trois exemplaires mâles que j'ai examinés, le flagellum de l'antennule comptait 8, 9 et 12 articles, la femelle en comptait 14, mais c'était l'exemplaire le plus grand, celui qui mesurait 2^{mm}. Ces articles portent, outre quelques petites soies raides, de longs poils sensoriels transparents, chez le mâle comme chez la femelle. Il n'y a pas de fouet accessoire.

L'*antenne* (an^2) est plus courte que l'antennule; au premier article, au niveau duquel débouche la glande antennale, fait suite un article très court, celui qui correspond aux articles II et III chez les Malacostracés typiques ; le suivant est beaucoup plus long, le cinquième est plus étroit et moins long que le quatrième. Le flagellum variait suivant les exemplaires de 4 à 10 articles, les plus nombreux étant chez l'individu le plus grand.

La *lèvre supérieure* (fig. 4, *ls*) est très allongée; étroite à sa partie supérieure, elle s'élargit vers le bas et présente une échancrure très prononcée au milieu de son bord inférieur.

La *mandibule* (fig. 3, *md*) est beaucoup plus simple que dans la plupart des Amphipodes normaux : le coxopodite, qui forme la partie principale de l'organe, se termine antérieurement par une longue crête dentée qui remplace la dent proéminente que nous avons décrite chez *Microprotopus*, par exemple ; il n'y a pas de *processus accessorius*, pas de poils barbelés, pas de tubercule molaire, mais seulement une crête arrondie et légèrement sinueuse couverte de petits poils drus; la crête est séparée de la partie basale de la mandibule, par une échancrure profonde. Le palpe

(1) STEBBING, On some new and little known Amphipodous Crustacea, *Ann. and Mag.* séries IV. vol. XVIII, p. 444, Pl. XIV, fig. 2.

mandibulaire (*p*) est tri-articulé et très allongé, il atteint, dans sa position normale, jusqu'aux trois quarts du quatrième article de l'antenne inférieure (*an²*) ; le premier article est très court, le second est le plus long et le troisième à peine plus court que le second ; le dernier article, outre quelques soies courtes et raides situées à son extrémité distale, est muni sur presque toute sa longueur d'une rangée de poils serrés, courts, épais et transparents.

La *lèvre inférieure* (fig. 4, *li*) est petite et formée de deux lames dont l'externe est très réduite ; l'angle supérieur et externe de l'autre se termine par une dent qui est couverte de poils courts et serrés.

La *première maxille* (fig. 5) se compose des trois lacinies ordinaires : l'externe uni-articulée et allongée se termine par quatre poils dentiformes ; l'interne plus large et plus courte porte 5 dents sur son bord distal, et la *lacinia fallax*, très réduite, ne porte absolument aucun poil.

La *deuxième maxille* (fig. 6) porte sur sa lacinie externe quatre à cinq soies entremêlées de quelques poils plus petits et très fins ; la lacinie interne n'en porte que deux.

Le *maxillipède* (fig. 7) a la forme caractéristique de cet appendice chez tous les *Stenothoinœ* : les deux coxopodites (*c*) sont soudés l'un à l'autre sur la ligne médiane pour former la base commune de la paire d'appendices ; le basipodite (*b*) court et trapu se prolonge sous l'ischiopodite en une petite lamelle, ne dépassant pas ce dernier article et ne portant qu'une paire de poils raides sur son bord distal ; l'ischiopodite montre comme une tendance légère à former aussi lamelle sur son bord interne, mais celle-ci reste tout à fait rudimentaire ; les trois articles suivants sont à peu près semblables sauf pour le nombre des poils : le premier n'en a qu'un, le deuxième en a deux, le troisième cinq ; le dactilopodite (*d*) est unguiforme.

Le *premier péréiopode* (fig. 2, *pt¹*) est presque entièrement dissimulé sous la lame coxale de l'appendice suivant ; le somite dont elle dépend est petit et étroit ; le coxopodite a une forme triangulaire ; il est constitué par l'article simple qui n'est pas modifié en lame externe pour former une épimère véritable ; le basipodite est allongé et étroit, il porte sur son bord antérieur une longue soie plumeuse ; l'ischiopodite est très court, le méropodite un peu plus allongé se prolonge au-delà de l'articulation de l'article suivant

pour former une sorte de talon couvert de quelques soies raides ;
le carpopodite est allongé et subulé, il porte sur ses deux bords
quelques poils disposés en rangées parallèles ; le propodite égale en
longueur les deux tiers du carpopodite ; il est terminé par un dactylopodite en forme de griffe ne formant pas de pince préhensile.

Le coxopodite (c) du *deuxième péreiopode* (fig. 8) est tout à fait
caractéristique ; il forme à l'extérieur une grande lame mince très
élargie à la base ; arrondie régulièrement à son angle antérieur et
inférieur, cette lame est découpée à son angle opposé en trois
petites dents dont la première est la plus petite et qui sont parallèlement courbées en avant ; ces dents sont généralement au nombre
de trois, mais un de mes quatre exemplaires en présentait quatre ;
ce bord inférieur est bordé de quelques poils raides dont quelques-
uns sont insérés précisément entre ces dents. A la face interne du
coxopodite est fixée la lamelle branchiale qui s'étend jusqu'aux deux
tiers du basipodite qui ressemble à celui de l'appendice précédent.
L'ischiopodite est court et les deux articles qui le suivent sont
élargis inférieurement et terminés par un prolongement garni
d'une paire de poils courts et plumeux ; le propodite est très élargi
à son extrémité distale qui forme un bord garni de quelques poils
dentiformes et qui constitue, avec le dactylopodite en forme de griffe,
une pince préhensile.

Le *troisième péreiopode* (fig. 9) a le coxopodite à peu près semblable à celui de l'appendice qui le précède, mais il est plus étroit et
ne présente que deux dents à son angle postérieur ; dans l'exemplaire
qui en avait quatre au coxopodite du deuxième péreiopode, il y en
avait trois ici ; les premiers articles de la patte ressemblent à ceux
de l'appendice précédent, mais les trois suivants sont étroits et
allongés, le propodite étant le plus long ; le dactylopodite atteint à
peu près la moitié de la longueur de l'article précédent.

Le *quatrième péreiopode* a, comme dans les genres voisins
Stenothoe et *Metopa*, un coxopodite plus large que ceux qui précèdent ; son bord externe est régulièrement arrondi et ne présente
qu'une vaste échancrure à l'angle supérieur et postérieur pour
loger le coxopodite de l'appendice suivant ; le reste de l'appendice
est semblable aux parties correspondantes de la troisième patte
thoracique.

Les *trois derniers péreiopodes* sont à peu près semblables et de même longueur ; le coxopodite du cinquième est plus large que les deux autres, surtout que celui du septième ; c'est le contraire qui a lieu pour les basipodites : c'est celui du septième péreiopode qui est le plus large ; les méropodites sont un peu élargis et prolongés inférieurement ; les autres articles ressemblent à ceux des deux pattes précédentes.

Les branchies existent à tous les péreiopodes sauf au premier ; près de la dernière, située à la face interne du coxopodite de la dernière patte thoracique, se trouve le pénis très court.

Les trois premiers segments du pléon ont des lames pleurales élargies, se terminant en pointe vers la partie postérieure ; ils portent trois paires de pléopodes identiques remarquables par l'allongement et l'étroitesse du basipodite ; celui-ci porte, comme d'ordinaire, à l'angle inférieur et interne deux très petits prolongements chitineux barbelés ; l'exopodite compte 5 articles et l'endopodite 4 ; les bords latéraux et externes des premiers articles de chaque rame sont ornés d'une rangée de poils fins, simples et drus, tandis que les derniers articles portent les longues soies plumeuses qui servent à la natation.

Les segments suivants du pléon sont très courts (fig. 10) surtout les derniers ; les pléopodes de la quatrième et de la cinquième paire sont bi-ramés et ont l'exopodite plus court que l'autre rame ; le 6e pléopode (*pl* 6) est uni-ramé : toutes les rames de ces pléopodes sont ornées de la même façon ; ils sont atténués à leur extrémité qui forme une pointe aiguë et présentent aux deux tiers de leur longueur deux dents égales insérées au même niveau. Le telson est arrondi à son extrémité inférieure qui présente de part et d'autre une saillie dentiforme.

Les deux sexes sont absolument semblables et ne diffèrent que par les organes génitaux externes ; les lamelles incubatrices qui sont étroites et garnies comme d'ordinaire de longs filaments, sont au nombre de quatre paires, attachées à la face interne des coxopodites des péreiopodes de la deuxième jusqu'à la cinquième paire.

L'Amphipode que nous venons de décrire a certainement été vu pour la première fois par SPENCE BATE qui, en 1855, le signala dans le *Report British Association* (p. 57), sous le nom de *Montagua dubius*. Deux ans plus tard, en 1857, dans une liste des Crustacés Edriophthalmes d'Angleterre (1), il le sépara du genre *Montagua* (*Stenothoe*) et créa pour lui le genre *Danaia*, ces deux genres constituant la famille des Stégocéphalides. Le nom de *Danaia* aurait donc incontestablement tous les droits de priorité s'il n'avait déjà été employé dans la nomenclature zoologique. En 1849, comme le fait remarquer STEBBING (2), MILNE EDWARDS et J. HAIME (*Compt. Rend.*, T. XXIX, p. 261), ont donné le nom de *Dania* à un coralliaire fossile ; ce nom est écrit *Danaia* dans la table générale de leur monographie des Coralliaires fossiles d'Angleterre (*Palæont. Soc.* vol. p. 1854, publié en 1855). Il nous faut donc revenir au nom de *Cressa* que BŒCK a donné à ce petit crustacé en 1870, le prenant pour un type différent.

La description et les figures données par SPENCE BATE laissent beaucoup à désirer au point de vue de l'exactitude, mais l'exemplaire d'après lequel il a établi le genre et l'espèce était unique, ce qui fait que l'auteur, dans *British Sessile Eyed Crust.*, ne donne sa description que sous toutes réserves, ainsi que le montre le nom de *dubius* donné à son espèce. La forme générale du corps est bien décrite, mais il dit que l'animal n'a pas de palpe mandibulaire, que la troisième plaque coxale est « irregulary serrated the whole length of the inferior margin », tandis qu'elle ne présente que quelques dents à son angle postérieur, comme le montrent les dessins de STEBBING, de BOECK, de G. O. SARS et les miens ; de plus il figure une échancrure sur le bord postérieur du pleuron du troisième somite pléal qui n'existe pas. Le reste des détails est absolument exact. L'animal ainsi décrit avait été trouvé près du phare d'Eddystone.

BOECK (3) décrivit quelques années plus tard un Amphipode qui ne différait, comme il le dit lui-même, du genre *Danaia* SP. BATE que

(1) SPENCE BATE, On British Edriophthalmous Crustacea, *Ann and Mag.*, 2ᵉ sér., XIX, p. 137.

(2) STEBBING, Report on the Amphipoda collected by H. M. S. *Challenger*, 2ᵉ part. p. 1671, note 4.

(3) BOECK, Crust. Amph. bor. et arct., 1870, p. 65-66, et De Skand. og Arkt. Amph., 1876, pp. 467 et suiv., Pl. XVIII, fig. 7, 8.

par la présence d'une palpe mandibulaire à trois articles : il l'appela *Cressa Schiodtei*.

Sa description et les nombreuses figures qu'il en donne dans son grand travail sur les Amphipodes scandinaves prouvent qu'il y a identité absolue entre son espèce et celle que je viens de décrire.

La seule question qui reste à résoudre est celle du palpe mandibulaire qui a empêché la réunion des deux espèces anglaise et scandinave. Or, depuis la description de *Danaia* de SPENCE BATE, STEBBING (1) retrouva à Torbay la même Amphipode qu'il étudia avec sa précision habituelle. Il insiste sur le prolongement dentiforme du second article de l'antennule : « in the penultimate joint of the upper antennae the distal extremity is produced into a sharp point on the inner side ». Il définit plus exactement que BATE les denticules des coxopodites des deuxième et troisième péreiopodes : « The coxæ have the infero-anterior margin smoothly rounded ; but the hinder part of this margin is ornamented with three or four sharp denticulations curving forwards. » Il donne une excellente figure de l'ensemble, en figurant les deux antennules pour mettre en évidence la dent interne du deuxième article ; il figure de même le premier et le deuxième péreiopode, puis l'extrémité postérieure du telson vu de profil. Malheureusement, il ne parle pas de la mandibule. Dans son grand *Report* sur les Amphipodes du *Challenger* (2), il déclare que ses exemplaires de *Danaia* furent détruits accidentellement avant que son attention ait été attirée sur l'intérêt spécial attaché à cet organe.

Plus loin, il revient sur la différence des deux genres *Danaia* et *Cressa* et il fait remarquer que dans la planche X du Catalogue des Amphipodes du British Museum de SPENCE BATE il y a une figure de mandibule avec un palpe tri-articulé près de la fig. 1 représentant *Danaia dubia*, mais que cette figure n'est pas numérotée ; cette figure, ajoute STEBBING (3), si elle n'appartient pas à *Danaia*, ne peut

(1) STEBBING, On some new and little known Amphipodous Crustacea, *Ann. and Mag.*, série IV, vol. XVIII, p. 444-445, Pl. XIV, fig. 2, 2a-2c.

(2) *Loc. cit.*, p. 293.

(3) *Loc. cit.*, p. 747. SPENCE BATE, outre la figure d'ensemble de *Danaia* (fig. 1) donne au dessous le dessin de la partie terminale du corps (1z) et, entre la fig. 1 et la fig. 2, représentant *Stegocephalus ampulla*, la figure de la mandibule, sans numéro, dont il est ici question.

appartenir à aucune autre des espèces figurées sur la même planche ; il est certain qu'il y a eu, de la part de SPENCE BATE, une erreur de transcription ou un oubli, ce qui est facile à constater en comparant cette figure sans numéro, soit au dessin de BŒCK (Pl. XVIII, fig. 8, *l* (1), soit à la fig. 3 de la planche X.

Dans les trois cas, il s'agit également d'une mandibule garnie d'un palpe triarticulé dont l'article proximal est très court, et les deux suivants très allongés ; SPENCE BATE figure même, sur le troisième article, la rangée de petites soies parallèles dont j'ai parlé plus haut.

Puisqu'il y a identité complète entre les dessins de STEBBING et ceux de BOECK et que le premier a bien décrit l'espèce de SPENCE BATE, on peut avec certitude réunir les deux genres *Cressa* et *Danaia*, malgré ce qu'a écrit BATE au sujet du palpe mandibulaire. C'est ce que n'a pas hésité à faire G. O. SARS (2). « Cette espèce, dit-il, a été décrite et figurée d'après un unique et incomplet exemplaire, et elle a été récemment examinée scrupuleusement par STEBBING ; les figures données par ce dernier observateur montrent clairement qu'elle est identique à *Cressa Schiodlei* de BOECK. »

En même temps que la présente espèce, qui devra donc s'appeler maintenant *Cressa dubia*, BOECK (3) en décrivit et en figura une deuxième qu'il appela *Cressa minuta*. Elle différait de la première en ce que l'angle antérieur latéral de la tête n'était pas aussi proéminent et ne présentait pas de dent sur le bord inférieur ; les plaques coxales des deuxième et troisième péreiopodes ne présentaient chacune qu'une seule dent à leur angle inférieur et postérieur ; le second article de l'antennule était bien de la même longueur que le premier, mais plus étroit ; enfin le carpopodite du deuxième péreiopode était plus court et le propodite plus large.

Si nous examinons de près ces caractères, nous voyons qu'ils n'ont pas de véritable valeur spécifique mais qu'ils ne peuvent

---

(1) Cette figure a été désignée par 8*l* certainement par erreur, elle devrait être numérotée 8*d* pour suivre la règle ordinaire des figures de BOECK.

(2) G.-O. SARS, Ofversigt af Norges Crustaceer, p. 94.

(3) BŒCK, *loc. cit.*, p. 469, Pl. XVIII, fig. 7.

caractériser qu'une simple variété ou simplement un jeune individu, comme d'ailleurs peut le faire supposer la taille réduite que lui assigne Boeck. Ce sont, en réalité, les caractères de *Cressa dubia* mais moins accentués : l'angle antérieur de la tête est *moins* avancé et ne présente pas encore de dent à la partie inférieure ; les plaques coxales n'ont encore qu'une dent chacune [et nous avons vu (voir page 189) que le nombre de ces dents peut varier même dans des individus à peu près de même taille] ; le deuxième article de l'antennule est *moins* large que dans l'espèce précédente ; dans le deuxième péreiopode, le carpopodite est *moins* allongé, ce qui fait paraître le propodite plus large ; enfin, caractère d'individu jeune que ne signale pas Boeck dans sa diagnose, mais qui est visible sur ses figures, les flagellums des antennes de *Cressa minuta* sont beaucoup plus courts et composés de moins d'articles que dans la première espèce de l'auteur norvégien.

Stebbing (1) présume également que cette espèce de Boeck doit rentrer dans la synonymie de la première : « It the species *Schiodtei*, écrit-il, as G. O. Sars considers it, a synonym of *Danaia dubia* Spence Bate, the genus *Cressa* will become a synonym of *Danaia*, in which Boeck's species *minuta* is very doubtfully distinct from its congener. »

Lors de l'expédition norvégienne dans l'Océan glacial, en 1876-78, on dragua, non loin de l'île des Ours, un petit Amphipode que G. O. Sars (2) plaça dans le genre qui nous occupe et nomma *Danaia abyssicola*. Cette espèce, dit-il, diffère des deux autres espèces du genre, *D. dubia* Bate et *D. minuta* Boeck, par l'absence totale d'yeux, le remarquable allongement de la première paire d'antennes, et par la forme de la seconde paire de pattes (3). Sauf ces caractères, il y a similitude complète entre *Cressa dubia*

---

(1) Stebbing, *loc. cit.*, p. 394.

(2) G.-O. Sars, Crust. of Pycn. nova, n° 30, et Den Norske Nordhavs. Expedition, p. 190, Pl. XVI, fig. 1.

(3) C'est certainement par erreur que Sars a écrit « première paire de pattes » ; c'est de la *seconde* qu'il faut lire ; en effet, dans la description qui suit, il ne parle que du deuxième péreiopode et c'est seulement cet appendice qu'il figure (Pl. XXI, fig. 1a).

et l'espèce de Sars qui a été décrite d'après un unique exemplaire
de 6^{mm} de long. Le carpopodite possède un prolongement étroit,
linguiforme, muni de soies ; le propodite est large , aplati des deux
côtés et très dilaté à son extrémité , tronqué tout à fait transversalement ; le bord palmaire porte de chaque côté huit épines et se
prolonge à son extrémité inférieure en une petite dent. Comme on
le voit, ce péreiopode ne diffère de celui que nous avons figuré que
pour quelques détails secondaires, comme l'allongement du lobe du
carpopodite et le nombre des dents du bord palmaire du propodite :
ce ne sont là, à mon avis, que les caractères d'un individu plus âgé
et quand on sait les différences que l'âge peut apporter dans la
forme d'un gnathopode, on ne peut, je crois, les regarder comme
spécifiques.

Quant à l'absence des yeux et au développement considérable des
antennules, je les regarde comme des modifications corrélatives
dues au genre de vie de l'animal et à son adaptation aux grands
fonds (1) ; on pourrait citer de nombreux exemples de modifications
analogues dues à la même cause. Pour cette raison, je considère la
forme décrite par l'éminent carcinologiste de Christiania comme
une simple variété des profondeurs et je la désigne sous le nom
de *Cressa dubia* Spence Bate, var. *abyssicola* Sars.

Boeck , en 1876 , a établi le groupe des *Sthenothoidæ* (3ᵉ sous-
famille des *Leucothoidæ*), pour les trois genres *Stenothoe* Dana,
Metopa Boeck et *Cressa* Boeck ; G. O. Sars, en 1882, la changea
en famille proprement dite sous le nom de *Sthenothoidæ*.

Gerstœcker (2) réunit ces trois genres en un seul, *Stenothoe*,
qu'il place dans la 5ᵉ sous-famille, *Gammarina* , de sa famille des
Gammaridæ, et sépare de cet ensemble le genre *Danaia* Spence
Bate !

J'ai montré ailleurs (3) comment il fallait, selon moi, comprendre

---

(1) L'exemplaire de G.-O. Sars a été dragué par 447 brasses de profondeur ; Hansen
a également retrouvé cette variété par 200 brasses.

(2) Gerstœcker, Bronn's Klass. und Ordn. des Thier-Reichs, Arthropoda, p.
506-507.

(3) Voir *Bulletin scientifique*, T. XX, 1889, p. 385.

cette famille qui rentre dans le grand groupe des *Corophina*, caractérisé par l'absence de l'endopodtie au sixième pléopode. Elle est déterminée par les caractères suivants : *Amphipodes avec le pléon bien développé muni de six paires de pléopodes dont la dernière seulement ne présente qu'un exopodite, maxillipède normal dont l'ischiopodite ne s'élargit pas en lamelle vers l'intérieur, la lamelle du basipodite étant très réduite; coxopodites des seconds, troisièmes et quatrièmes péréiopodes très développés.*

Cet ensemble de caractères ne s'applique qu'aux trois genres ci-dessus nommés et le palpe mandibulaire peut servir à les distinguer facilement l'un de l'autre de la façon suivante :

1° Palpe mandibulaire absent......................... *Stenothoe.*

2° Palpe mandibulaire tri-articulé... .... { Troisième article très réduit et presque rudimentaire.. *Metopa.* / Troisième article allongé, de même longueur que le second .... *Cressa.*

Dans le cours de ces notes sur les Amphipodes du Boulonnais, je reviendrai sur les deux premiers genres qui se trouvent représentés par plusieurs espèces sur nos côtes; je ne veux pour le moment m'occuper que du seul genre *Cressa*. L'étude qui vient d'en être faite permet d'en donner la diagnose suivante :

Genre **CRESSA** BOECK.

1855. *Montagua (pro parte)* SPENCE BATE, Report Brit. Assoc., p. 57.
1857. *Danaia* (1) SPENCE BATE, Ann. Nat. Hist., 2ᵉ sér. V, XIV, p. 137.
1870. *Cressa* BOECK, Crust. Amph. bor. et arct., p. 65.

Corps comprimé latéralement; antennule munie d'un flagellum pluriarticulé, *sans fouet accessoire;* mandibules avec un *palpe triarticulé dont l'article distal est de même grandeur que le*

____

(1) On a vu que le nom de *Danaia* avait déjà été employé auparavant (page 191).

second; lèvre supérieure allongée et échancrée sur son bord inférieur, lèvre inférieure peu développée; première maxille avec
une lacinie externe monoarticulée, une lacinie interne courte et
large, la *lacinia fallax* rudimentaire; seconde maxille formée de
deux lacinies; maxillipède avec le basipodite prolongé en lame
ne dépassant pas l'ischiopodite, ce dernier article *ne possédant pas
de lame interne*; premier péreiopode sans plaque coxale; plaques
coxales des deux pattes suivantes larges et découpées en denticules
à leur angle inférieur et postérieur; plaque coxale du quatrième
péreiopode très large échancrée à son angle supérieur et postérieur; le dernier pléopode est uniramé, le telson est simple.

Ce genre ne renferme qu'une seule espèce.

Cressa dubia SPENCE BATE.

1855. *Montagua dubius* SPENCE BATE, Report Brit. Assoc., p. 57.
1857. *Danaia dubia* SPENCE BATE, Ann. and Mag., 2e sér., vol. XIX, p. 137.
1862. *Danaia dubia* SPENCE BATE, Cat. Amph. Brit. Mus., p. 59, Pl. x, fig. 1.
1867. *Danaia dubia* Spence Bate WHITE, Pop. Hist. Crust., p. 67.
1868. *Danaia dubia* SPENCE BATE et WESTWOOD, Brit. Sess. Eyed Crust. I,
    p. 68.
1870. *Cressa Schiodtei* BOECK. Crust. Amph. bor. et arct., p. 65.
1870. *Cressa minuta* BOECK, Crust. Amph. bor. et art., p. 66.
1876. *Danaia dubia* Spence Bate STEBBING, Ann. and Mag., sér. IV, vol. XVIII,
    p. 444, Pl. xiv, fig. 2, 2a 2c.
1876. *Cressa Schiodtei* BOECK, De Skand og Arkt. Amph., p. 467, Pl. xviii,
    fig. 8.
1876. *Cressa minuta* BOECK, De Skand og Arkt. Amph., p. 469. Pl. xviii, fig. 7.
1882. *Danaia dubia* Spence Bate G.-O. SARS. Oversigt af Norges Crustaceer,
    p. 24 et 94.
1875. *Danaia abyssicola* G.-O. SARS, Crust. et Pycnog. nov., n° 30.
1885. *Danaia abyssicola* G.-O. SARS, Den Norske Nordhav. Exped. Crust. I,
    p. 190, Pl. xvi, fig. 1.
1887. *Danaia abyssicola* G.-O. Sars HANSEN, Overs. ov. det vestl. Gronl. Faun.,
    p. 103.

Les bords latéraux du segment céphalique se prolongent entre
les insertions des deux paires d'antennes en une dent aiguë, et le
bord inférieur, chez l'adulte, porte une autre dent sous la première;
le second article de l'antennule porte une dent large sur le bord

interne de son extrémité distale ; le premier péreiopode ne forme pas de main préhensile et a le carpopodite plus long que le propodite : le deuxième péreiopode forme une large pince avec le propodite et le dactylopodite ; il y a une dent de plus à l'angle inférieur du coxopodite dans le deuxième péreiopode que dans le troisième ; les troisième et quatrième péreiopodes sont allongés et semblables ; les basipodites des dernières paires sont larges, surtout chez la dernière. Les trois premiers pléopodes ont leur pédoncule (basipodite) très allongé ; dans les deux paires suivantes, l'exopodite est plus court que l'endopodite.

Il n'y a pas de dimorphisme sexuel.

Dans la variété *abyssicola* G. O. SARS, le carpopodite du deuxième péreiopode est plus allongé et forme un lobe séparé ; les antennules sont très longues et les yeux font complètement défaut.

Distribution géographique. — *Cressa dubia* est une espèce arctique. Le point le plus méridional où elle ait encore été trouvée est le Boulonnais où je l'ai draguée aux Platiers en face le Portel. Sur les côtes anglaises SPENCE BATE la signale à Eddystone et STEBBING à Torbay ; elle a été trouvée aussi au large de Newcastle dans la mer du Nord (Collection BÉTENCOURT). BOECK l'indique sur les côtes scandinaves à Haugesund ; SARS la considère comme assez commune sur les côtes occidentales, depuis 10 jusqu'à 100 brasses.

Enfin, la variété *abyssicola* G. O. SARS, a été draguée dans l'Océan glacial entre Finmark et l'île des Ours, par 447 brasses, un exemplaire ; et dans la baie de Baffin, sur les côtes du Groenland, par 200 brasses, 2 exemplaires, (HANSEN).

Paris, 15 Novembre 1889.

EXPLICATION DES PLANCHES.

PLANCHE VIII.

Microprotopus maculatus Norman (mâle).

Fig. 1. — Mâle adulte vu de profil (grandeur naturelle : $1^{mm}4$).

    f, fouet accessoire de l'antennule. — pt^1, pt^2, pt^3, les trois premiers péreiopodes.

Fig. 2. — Premier péreiopode.

    c, plaque coxale ou épimère.

Fig. 3. — Septième péreiopode, vu par la face interne.

    br, lame branchiale. — *p*, pénis.

Fig. 4. — Premier pléopode.

Fig. 5. — Pléon vu de profil.

    pl^1, pl^4, pl^6, pléopodes de la première, quatrième et sixième paire. — *t*, telson.

Fig. 6. — Partie postérieure du pléon, vue par la face dorsale.

    (Mêmes lettres que pour la fig. 5).

PLANCHE IX.

Microprotopus maculatus Norman (femelle).

Fig. 1. — Femelle vue de profil (grandeur naturelle : $1^{mm}9$).

Fig. 2. — Lèvre supérieure (*ls*) et lèvre inférieure (*li*).

Fig. 3. — Mandibule.

Fig. 4. — Première maxille.

Fig. 5. — Deuxième maxille.

Fig. 6. — Maxillipèdes.

cx, coxopodites. — *b*, basipodite. — *i*, ischiopodite. — *m*, méropodite. — *c*, carpopodite. — *p*, propodite. — *d*, dactylopodite.

Fig. 7. — Premier péreiopode.

Fig. 8. — Deuxième péreiopode, vu par la face externe.

oos, oostégite. — *br*, branchie.

Fig. 9. — Extrémité distale du même appendice, plus fortement grossi et vu par la face interne.

b, basiopodite. — *i*, ischiopodite. — *m*, méropodite. — *c*, coxopodite. — *p*, propodite. — *d*, dactylopodite.

Fig. 10. — Extrémité proximale du cinquième péreiopode, vu par la face interne.

c, coxopodite. — *o*, ouverture génitale femelle. — *br*, branchie. — *oos*, oostégite.

PLANCHE X.

Cressa dubia SPENCE BATE.

Fig. 1. — Mâle adulte vu de profil (grandeur naturelle : $1^{mm}6$).

Fig. 2. — Tête et premier somite du péréion vus de profil.

an^1, antennule. — an^2, antenne. — *md*, mandibule. — *p*, son palpe. — *ls*, lèvre supérieure. — *li*, lèvre inférieure — mx^1, première maxille. — mx^2, deuxième maxille. — *mxp*, maxillipède. — pt^1, premier péreiopode.

Fig. 3. — La mandibule en place.

md, mandibule. — *p*, son palpe. — *ls*, lèvre supérieure. — an^2, antenne inférieure. — *gl*, conduit excréteur de la glande antennale.

Fig. 4. — Lèvre supérieure (*ls*) et lèvre inférieure (*li*).

Fig. 5. — Première maxille.

Fig. 6. — Deuxième maxille.

Fig. 7. — Maxillipède.

> *c*, coxopodite. — *b*, basipodite. — *d*, dactylopodite.

Fig. 8. — Deuxième péreiopode.

> *s*, somite thoracique. — *c*, plaque coxale ou épimère. — *b*, branchie.

Fig. 9. — Troisième péreiopode.

> (Mêmes lettres que pour la fig. 8).

Fig. 10. — Les trois derniers segments du pléon, vus de profil.

> pl^4, pl^6, pléopodes de la quatrième et de la sixième paire — *t*, telson.

Fig. 11. — Telson (*t*) et dernier pléopode (pl^6) vus dorsalement.

Lille Imp. L. Danel.

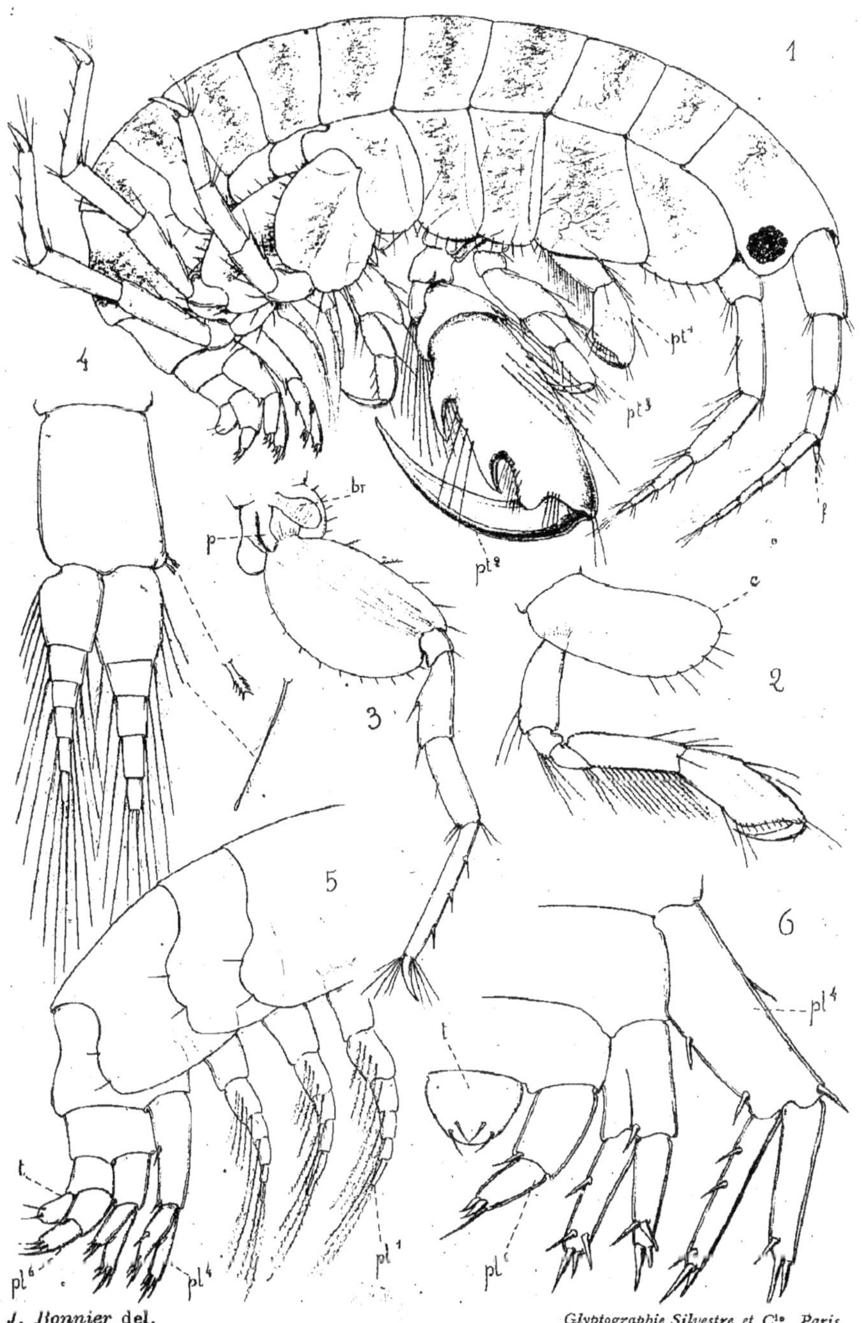

J. Bonnier del.

Glyptographie Silvestre et Cie, Paris.

MICROPROTOPUS MACULATUS

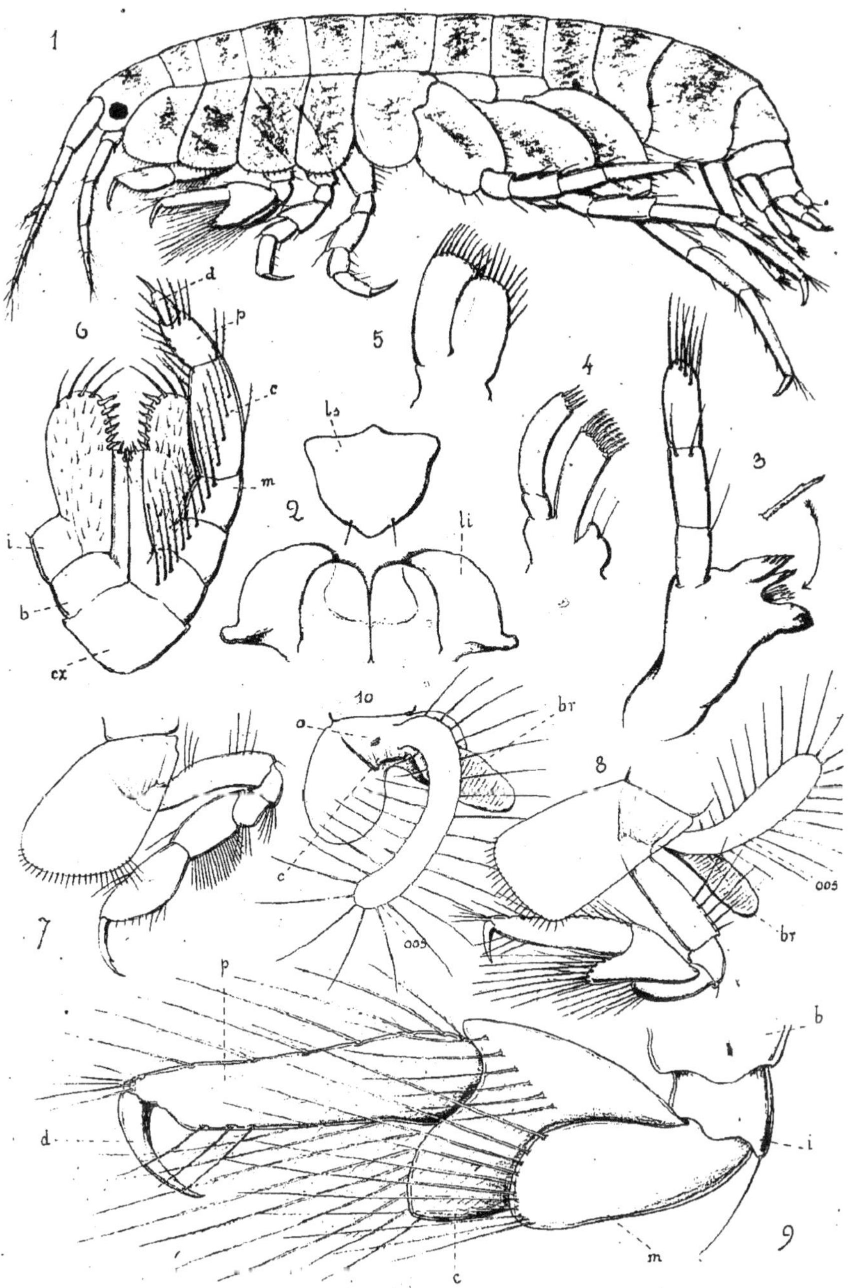

J. Bonnier del.   Glyptographie Silvestre et Cie, Paris.

MICROPROPTOPUS MACULATUS

J. *Bonnier* del. *Glyptographie Silvestre et Cⁱᵉ, Paris.*

CRESSA DUBIA

BULLETIN SCIENTIFIQUE

COLLECTION DES PREMIÈRES SÉRIES

(En vente chez O. DOIN, Éditeur, 8, place de l'Odéon, Paris).

PREMIÈRE SÉRIE,

Dirigée par MM. Gosselet, Desplanque et Dehaisne.

DEUXIÈME SÉRIE,

Dirigée par Alfred GIARD

TROISIÈME SÉRIE,

Dirigée par Alfred GIARD.

Lille Imp. L. Danel.

ETIENNE · GEOFFROY-SAINT-HILAIRE
Louis Bonnier

...ULLETIN SCIENTIFIQUE

DE LA FRANCE

ET DE LA BELGIQUE,

PUBLIÉ PAR

Alfred GIARD,

Professeur à la Sorbonne (Faculté des Sciences).

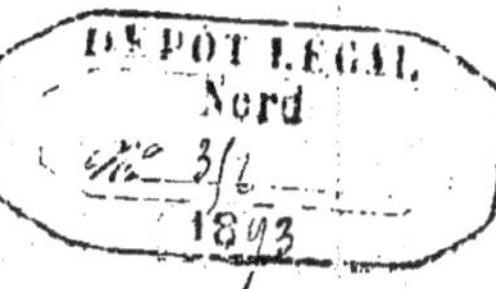

(EXTRAIT DU TOME XXIV).

(Ouvrage honoré d'une souscription du Ministère de l'Agriculture).

LES AMPHIPODES DU BOULONNAIS

(Troisième article),

PAR

JULES BONNIER.

PARIS,

Georges CARRÉ,
Rue St-André-des-Arts, 58 ;

et

Paul KLINCKSIECK,
Rue des Écoles, 52.

LONDRES,

DULAU & C°,
Soho - Square , 37.

BERLIN,

FRIEDLÄNDER & SOHN,
N.-W., Carlstrasse, 11.

(Sorti des presses le 5 Mai 1893).

Publications de la Station zoologique de WIMEREUX-AMBLETEUSE

SOUS LA DIRECTION DE

Alfred GIARD,

PROFESSEUR A LA SORBONNE.

I.

BULLETIN SCIENTIFIQUE

DE LA FRANCE ET DE LA BELGIQUE.

VINGT-QUATRIÈME ANNÉE (1892).

Le *Bulletin scientifique* paraît par livraisons datées du jour de leur publication. Chaque volume grand in-8°, contient 500 pages environ et de 15 à 30 planches hors texte.

Sans négliger aucune des parties des sciences biologiques, la direction s'attache surtout à publier des travaux ayant trait à l'Evolution (ontogénie et phylogénie) des êtres vivants. Les recherches relatives à l'éthologie et à la distribution géographique dans leurs rapports avec la théorie de la Descendance occupent aussi une large place dans le *Bulletin*.

Enfin, ce recueil peut être considéré comme le Journal de la Station maritime de *Wimereux-Ambleteuse* (Pas-de-Calais), fondée et dirigée depuis 1873 par le Professeur A. GIARD.

Les tomes I, II, III, IV, VIII, IX, X et XI sont épuisés. Quelques exemplaires des tomes V, VI et VII sont encore en vente au prix de 15 fr. le volume ; les tomes XII à XVI au prix de 10 fr. ; les tomes XVII et XVIII au prix de 20 fr. ; et à partir du tome XIX au prix de 30 fr. le volume.

Le tirage étant limité, ces prix seront rapidement augmentés.

PRIX DE L'ABONNEMENT A UN VOLUME :

Pour Paris.. **20** fr.
Pour les Départements et l'Étranger........... **22** »

L'abonnement est payable après la livraison de chaque volume, et sera continué, sauf avis contraire et par écrit.

Adresser tout ce qui concerne la Rédaction et l'Administration à

MM. ALFRED GIARD, 14, rue Stanislas, ⎰ Paris.
JULES BONNIER, 75, rue Madame, ⎱

JULES BONNIER

LES AMPHIPODES DU BOULONNAIS

(Suite).

V. *PERRIERELLA AUDOUINIANA* SPENCE BATE,
VI. *SOCARNES ERYTHROPHTHALMUS* ROBERTSON,
VII. *TRYPHOSA NANA* KROYER,
VIII. *COLOMASTIX PUSILLA* GRUBE.

PARIS,

Georges CARRÉ,
Rue St-André-des-Arts, 58 ;

et

Paul KLINCKSIECK,
Rue des Écoles, 52.

LONDRES,

DULAU & Cº,
Soho - Square , 37.

BERLIN,

FRIEDLÄNDER & SOHN
N.-W., Carlstrasse, 11

LES AMPHIPODES DU BOULONNAIS (1)

PAR

JULES BONNIER.

> It is only by dissecting and mounting
> the organs of the Amphipoda that their
> structure can be fully and properly seen.
>
> A. M. NORMAN , *Ann. and Mag. of
> Nat. Hist.*, 1889, p. 445.

Planches V - VIII.

Les Crustacés qui sont décrits dans les lignes qui suivent pro-
viennent des dragages effectués, en juillet et août 1890, dans les
zones profondes du Pas-de-Calais, sous la direction de M. JULES
RENAUD, ingénieur-hydrographe de la marine, en vue du projet
d'établissement d'un pont sur la Manche. Une partie des résultats
zoologiques de ces dragages a été consignée soit dans le « Rapport
sur la reconnaissance hydrographique et géologique du Pas-de-
Calais » (2), soit ici même, dans le *Bulletin* (3). En attendant un

---

(1) Voir : Les Amphipodes du Boulonnais, I, *Unciola crenatipalmata* SPENCE BATE,
Bulletin scientifique, T. XX, p. 373, Pl. X-XI, 1889 ; *Microprotopus maculatus* NOR-
MAN, *Cressa dubia* SP. BATE, Id., T. XXII, p. 173, Pl. VIII-X.

(2) Le Pont sur la Manche, second mémoire justificatif de la demande en concession,
etc. Rapport sur la reconnaissance hydrographique et géologique du Pas-de-Calais, par
M. J. RENAUD, p. 24.

(3) Voir E. CANU, Les Copépodes du Boulonnais, *Bull. scientif.*, T. XXIII, p. 467,
et *Travaux du Laboratoire de Wimereux-Ambleteuse*, T. VI.

travail complet sur les faunes profonde et pélagique du détroit, je ne veux ici étudier et discuter que quelques espèces rares et critiques d'Amphipodes. Qu'il me soit permis auparavant d'adresser à M. Jules Renaud tous mes remerciements pour l'accueil si cordial que j'ai reçu à bord de l'*Ajax*.

LYSIANASSIDES.

Parmi les Amphipodes de la tribu des *Gammaridea*, la famille des *Lysianassidæ* est l'une de celles qui présentent le plus d'homogénéité dans son aspect général comme dans la constitution particulière de chacun de ses appendices. Aussi tous les types de cette famille furent-ils longtemps confondus sous le même terme générique de *Lysianassa*. Mais, par ce fait même qu'il est facile, grâce à cette apparence uniforme, de déterminer rapidement le groupe auquel ils appartiennent, il devient très difficile de les différencier l'un de l'autre aux points de vue générique et spécifique. Un exemple suffira pour montrer les réelles difficultés que présente la détermination de ces Amphipodes. On n'a qu'à lire pour cela la révision des Lysianassides des « British sessile Eyed Crustacea » conservés dans les collections du British-Museum, publiée récemment par M. A. O. Walker (1) et l'on verra que le plus souvent les tubes contenant les exemplaires typiques ayant servi aux descriptions de l'ouvrage classique sur les Edriophthalmes d'Angleterre renferment, sous une même étiquette, des espèces et même des genres absolument distincts !

Aussi, les naturalistes modernes qui se sont occupés de ce groupe, ont-ils compris que la confusion ne pouvait cesser que par la précision des descriptions et le nombre des figures : les beaux travaux de Stebbing, Hansen, et surtout G. O. Sars ont montré comment les Lysianassides devaient être étudiées. Malheureusement ces auteurs n'ont pas encore essayé de simplifier le travail nécessaire pour arriver à une détermination exacte de ces animaux en établissant, au lieu de longues descriptions minutieuses, des diagnoses courtes basées sur les véritables différences morphologiques de la

---

(1) A.-O. Walker, On the Lysianassides of the « British sessile Eyed Crustacea » Bate et Westwood, *Ann. and Mag. Nat. Hist.*, feb. 1892, p. 134.

structure des somites et de leurs appendices, ou des clefs dichoto-
miques permettant d'arriver au genre et à l'espèce par l'examen
d'un petit nombre de caractères, sans avoir à comparer une à une
les descriptions et les figures des nombreux types qui constituent la
famille des Lysianassides.

La famille des *Lysianassidæ* se distingue des autres Gammarides
par plusieurs caractères qui, pris séparément, peuvent se retrouver
dans bien d'autres familles, mais dont l'ensemble constitue un
groupe naturel parfaitement défini. La forme générale du *corps* est
ramassée et trapue, aspect dû surtout au grand développement des
plaques coxales (épimères des auteurs) des quatre premières paires
de peréiopodes : la quatrième, qui est d'ordinaire la plus grande, est
découpée postérieurement pour recevoir le coxopodite arrondi de
l'appendice suivant. Les lames pleurales des trois premiers somites
du pléon sont également très développées, de façon à cacher les
derniers somites, quand l'Amphipode se ramasse sur lui-même.
L'*antennule* est plus courte que l'antenne, ses trois premiers articles,
ou protopodite, sont courts et épais ; le premier article du flagellum
est le plus souvent allongé et couvert de longs poils sensitifs disposés
en rangées parallèles ; il y a un flagellum accessoire. L'*antenne* a son
coxopodite libre et le flagellum est très développé surtout dans le
sexe mâle. L'*épistome* forme sur la ligne médiane de la face une crête
saillante qui surplombe la lèvre supérieure. La *mandibule* est
simple, sans dents compliquées, le tubercule molaire est rudimentaire ou manque : le palpe mandibulaire est bien développé et tri-
articulé. La *première maxille* est, dans la plupart des genres,
remarquable par l'allongement de l'ischiopodite, le basipodite étant
réduit à une petite lacinie avec quelques soies, généralement deux :
le carpopodite, en forme de palpe, est large et aplati. Le *maxillipède*,
le plus souvent à sept articles, présente d'ordinaire les lobes
du basipodite et de l'ischiopodite bien développés. Le *deuxième
peréiopode* est remarquablement étroit et allongé avec un propodite
couvert de longs poils tactiles et avec un dactylopodite rudimentaire. Les *branchies* sont très développées et présentent généralement des lamelles transversales sur une ou sur les deux faces.
Les Lysianassides présentent leur maximum de développement

dans les régions polaires où l'on trouve les plus nombreux et les plus grands exemplaires de la famille. Ils sont carnivores et sont les plus actifs des nettoyeurs des squelettes de cétacés, des poissons, des grands crustacés, etc. (1).

La *première maxille*, telle qu'elle vient d'être décrite, peut servir à caractériser la plupart des formes de la famille de *Lysianassidæ* ; mais, chez quelques-unes elle présente des modifications très nettes, qui permettent de les distinguer aisément parmi les genres nombreux, si voisins les uns des autres, qui constituent l'ensemble du groupe. Au lieu d'avoir le cinquième article, ou carpopodite, bien développé et formant avec le méropodite la lame aplatie que les auteurs désignent sous le nom de palpe, la maxille, chez plusieurs genres, présente une réduction très accentuée de ces articles : ils ne constituent plus sur le bord externe de l'ischiopodite étalé en lacinie qu'un petit tubercule mono- ou bi-articulé et qui est loin d'atteindre à l'extrémité distale de l'article sur lequel il s'insère. Trois genres seulement présentent cette modification.

Le premier est le *Trischizostoma Raschii* Boeck, cette curieuse forme pour laquelle Boeck avait créé une famille spéciale (*Prostomatæ*) et qui, selon Bovallius (2) qui l'a soigneusement étudié, devrait constituer avec les genres *Synopia* Dana et *Hyperiopsis* G. O. Sars, la tribu des *Amphipoda Synopidea*, à laquelle il donne la valeur taxonomique des grandes divisions des Amphipodes, les Gammarides, les Hypérides et les Caprellides. Les différences invoquées par Bovallius, pour justifier cette division, ne me semblent pas suffisantes pour séparer les *Synopidea* des *Gammaridea*. Au lieu des « *oculi mediocres, sessiles* » des derniers, les premiers ont les yeux « *grandes, maximam partem capitis occupantes, sessiles* » ; la grandeur des organes oculaires et leur structure sont trop sujettes à des variations considérables dans une même famille et dans un même genre, suivant les conditions éthologiques , pour pouvoir servir de caractère distinctif important. Dans les deux tribus, les maxillipèdes portent également un palpe de quatre

(1) Voir Holm, Expédition de la *Dijmphna*, Faune de la mer de Kara, p. 495.

(2) Bovallius, Amphypoda synopidea, *Nov. acta Reg. Soc. sc. Upsala*, sér. III, 1886, p. 24, Pl. iii.

articles (1), mais sont d'après BOVALLIUS, « *non coaliti* » chez les Gammarides et « *plus minusve coaliti* » chez les Synopides : en réalité les coxopodites sont toujours coalescents et forment une base commune à la paire de maxillipèdes, et les lamelles formées par les deux articles suivants sont plus ou moins soudées sur la ligne médiane ; mais elles sont aussi coalescentes, à coup sûr, dans les deux genres de *Synopidea, Trischizostoma* (2) et *Synopia* (3) que dans bien des *Gammarides, Laphystius, Colomastix*, par exemple. Récemment G. O. SARS a montré (4) qu'en réalité le genre *Trischizostoma* devait rentrer dans la famille des Lysianassides dont il présente les principaux caractères : le développement considérable, chez l'adulte, des plaques coxales des deuxième, troisième et quatrième pereiopodes, l'allongement caractéristique du quatrième article de l'antennule, la présence du flagellum accessoire de cet appendice, la présence du palpe mandibulaire et du palpe maxillaire, la réduction caractéristique du dactylopodite du deuxième pereiopode et l'exopodite bi-articulé du sixième pléopode. Quant à la modification si spéciale du premier pereiopode (5) et à la transformation des mandibules et maxilles en appendices aigus et perforants, les habitudes éthologiques de cet Amphipode parasite les expliquent suffisamment (6).

Dans le genre *Acidostoma* LILLJEBORG, le carpopodite de la première maxille n'existe plus, et le méropodite n'est plus qu'un simple tubercule : de plus l'extrémité non chéliforme du premier péreiopode peut servir à le distinguer aisément du genre précédent avec lequel

(1) Le maxillipède n'a pas toujours un palpe de quatre articles ; il peut, par exemple, n'en avoir que trois (*Normanion, Perrierella*) ou deux (*Laphystius*).

(2) Voir SARS, *loc. cit.*, Pl XII, *mp*.

(3) Voir STEBBING, Amphipodes du *Challenger*, Pl. LII, *mxp*.

(4) G.-O. SARS, Crustacea of Norway, Vol. I, *Amphipoda*, p. 29, Pl. XII.

(5) BOVALLIUS (*loc. cit.*) a montré que cette déformation n'existait pas chez l'animal jeune et que la torsion, qui transformait l'extrémité du péreiopode en pince si anormale, n'avait lieu que chez l'adulte (Pl. II, fig. 61, 64).

(6) Quant aux deux autres genres qui constituaient pour BOVALLIUS la tribu des *Synopidea*, l'un, *Synopia*, doit être considéré comme type des Synopidæ, famille voisine des Syrrhoïdæ, avec laquelle même elle doit probablement se confondre ; l'autre, *Hyperiopsis*, ne nous est pas connu suffisamment pour que sa place dans la classification puisse être précisée avec certitude. Il nous manque pour cela la connaissance du maxillipède qui, s'il est rudimentaire, en ferait une Hypéride, ce qui est probable d'après le reste de la description donnée par G.-O. SARS.

il présente de très réelles affinités dues à la convergence que détermine la vie parasite. La même réduction de l'extrémité distale de la première maxille s'observe aussi chez *Aconstiostoma* STEBBING , mais il se différencie des genres précédents par la réduction ou la disparition totale de l'endopodite et de l'exopodite du dernier pléopode (troisième uropode). Enfin, la première maxille peut devenir encore plus rudimentaire dans le genre *Amaryllis* HASWELL : ici le palpe disparaît complètement et l'appendice ne compte plus que trois articles.

Les divers états de réduction de la première maxille nous ayant servi à caractériser avec précision les quatre genres précédents, le *maxillipède* et ses modifications peuvent également nous conduire à établir les diagnoses différentielles d'un certain nombre d'autres types. Dans la majorité des formes qu'il nous reste à examiner, cet appendice se présente comme formé des sept articles ordinaires, le dactylopodite formant à l'extrémité distale une griffe bien développée, les basipodite et ischiopodite élargis latéralement en lames qui viennent se joindre une à une sur la ligne médiane ventrale. Cependant ce dernier caractère fait défaut dans deux genres : chez *Sophrosyne* STEBBING et *Kerguelenia* STEBBING, ces lames sont très réduites et ne forment plus qu'une très faible expansion latérale à peine aussi large que l'article lui-même et n'en dépassent pas l'extrémité distale ; ces deux genres se distinguent à première vue l'un de l'autre en ce que chez le premier, le telson est fendu, tandis qu'il ne l'est pas dans le second. Dans trois autres genres, le dactylopodite, au lieu de présenter la forme d'un ongle allongé et recourbé, est fortement réduit et constitué par un petit tubercule qui n'égale pas la cinquième partie de la longueur totale du propodite. Le premier de ces genres, *Nannonyx* G. O. SARS, se distingue des deux suivants par son telson qui ne présente aucune espèce d'échancrure, alors qu'il est profondément fendu dans *Centromedon* G. O. SARS et *Ambasia* BOECK (1). Ce dernier présente, à l'angle latéral et

(1) L'importance du caractère que nous invoquons ici pour différencier le genre *Ambasia* a été signalée déjà par G.-O. SARS (*loc. cit.*, p. 46), qui fait remarquer que la forme décrite par STEBBING sous le nom d'*Ambasia integricauda*, en raison même de ce terme spécifique, doit appartenir à un autre genre.

inférieur du troisième segment pléal, un tout petit denticule, alors que, chez le premier, se trouve, à la même place, une forte dent recourbée en arrière.

Le maxillipède peut encore servir à caractériser nettement deux formes de Lysianassides chez lesquelles le dernier article de cet appendice manque totalement : la première de ces deux formes avait été désignée par SPENCE BATE et WESTWOOD sous le nom d'*Opis quadrimana* et avait servi à BOECK de type pour son genre *Normania*. Mais le Rev. NORMAN, à qui le genre avait été dédié, a démontré récemment (1) que ce terme ne pouvait subsister, car déjà BRADY, en 1865, l'avait appliqué à un genre d'Ostracode que SARS avait antérieurement décrit sous le nom de *Loxoconcha*, et BOWERBANK, en 1868, avait désigné sous ce même nom une Éponge que SOLLAS a appelée depuis *Pæcillastra*. En définitive, ce nom de *Normania* doit être réservé, d'après les règles de la nomenclature zoologique, comme l'ont fait observer d'ailleurs SCHULZE, LENDEN-FELD et NORMAN, au genre de Spongiaire décrit par BOWERBANK, et l'Amphipode qui nous occupe doit changer de nom. Pour ne pas augmenter la confusion et en même temps pour ne pas enlever à la nomenclature taxonomique des Amphipodes le nom d'un des zoologistes qui ont le plus contribué à nous faire connaître ce groupe, je proposerai de changer légèrement la terminaison du terme générique de BOECK et de transformer *Normania* en *Normanion* (2).

La seconde forme de Lysianasside, présentant également le caractère de n'avoir que six articles au maxillipède, a été désignée en 1855 par BATE sous le nom de *Lysianassa Audouiniana*. Je donnerai plus loin (3), en décrivant cet Amphipode et en discutant sa synonymie, les raisons pour lesquelles je crois devoir le faire rentrer dans le genre *Perrierella* que viennent de créer CHEVREUX et BOUVIER. Dans celui-ci l'extrémité du premier péréiopode ne forme pas de gnathopode chéliforme, tandis que dans le genre *Normanion*, le propodite de cet appendice est largement dilaté et oppose

(1) The genera *Cyclostoma* and *Pomatias*, and on a misapplied rule of zoological Nomenclature (*Ann. and Mag. of Nat. History*, 1891, vol. 7, 6ᵉ sér., p. 449.

(2) Le nom de *Normanella* est déjà employé, chez les Crustacés, par BRADY, pour un genre d'Ostracode.

(3) Voir page 179.

un bord droit et tranchant au bord correspondant d'un dactylopodite très développé.

Parmi les Lysianassides qui présentent la première maxille et le
maxillipède normalement développés, un certain nombre peut être
distingué d'après la structure de l'extrémité distale du *premier
péreiopode*. Chez tous, le dactylopodite est bien développé, sauf
dans le genre *Callisoma* Costa où cet article affecte la forme
réduite qu'il présente dans la plupart des cas à l'appendice
suivant.

Le premier périeopode peut présenter une extrémité ou *subchéliforme*, c'est-à-dire que l'extrémité distale du propodite (*palma*)
est élargie de façon à s'opposer dans toute sa longueur au dactylopodite quand celui-ci se replie sur le propodite ; ou *chéliforme*,
c'est-à-dire que l'extrémité distale du propodite s'allonge de façon à
ce que son angle inférieur et postérieur seul rejoigne l'extrémité
du dactylopodite ; ou *non chéliforme*, c'est-à-dire que l'extrémité
distale du propodite n'est pas sensiblement plus longue que la base
du dactylopodite.

Dans le premier cas (extrémité subchéliforme), qui est celui de la
majorité des Lysianassides , l'ischiopodite et le méropodite de
l'appendice sont à peu près égaux en longueur ; dans le seul genre
Hoplonyx G. O. Sars, l'ischiopodite est notablement plus long que
le méropodite et donne ainsi au premier péreiopode l'apparence
grêle et allongée qu'offre généralement l'appendice suivant.

Trois genres seulement, dans ceux qui nous restent à examiner,
ont une extrémité nettement chéliforme. Dans le genre *Opisa*
Boeck, la forme de la pince est très caractéristique : l'angle postérieur et supérieur du propodite se relève pour former un denticule
aigu dont le dactylopodite, en se refermant, ne touche que l'extrémité,
de façon à ce que les bords opposés de la pince ne peuvent se toucher
en aucun cas. Dans les genres *Euonyx* Norman et *Podoprion*
Chevreux (1), le propodite n'est pas aussi largement dilaté, d'où il

(1) Chevreux, Voyage de la goëlette *Melita* aux Canaries et au Sénégal ; description de *Podoprion Bolivari*, Amphipode nouveau de la famille des Lysianassides.
Mémoires de la Soc. Zool. Franç., T. IV, p. 5, Pl. i, 1891.

résulte que les branches de la pince ne sont pas écartées à leur base. Le genre *Podoprion* se distingue du second par les dents que présente le bord postérieur du basipodite du cinquième péreiopode.

Parmi les genres dont le premier péreiopode présente une extrémité non chéliforme, *Lysianax* (*Lysianassa* Auct.) a seul un telson entier, sans aucune fente. Les autres dont le telson est fendu, peuvent se différencier selon que l'angle postérieur du troisième somite pléal se prolonge ou ne se prolonge pas pour former une dent recourbée. Dans le premier cas, on a affaire aux genres *Ichnopus* Costa et *Menigrates* Boeck, le premier se distinguant du second par la longueur inusitée du flagellum de l'antennule, qui compte beaucoup plus des huit à dix articles formant le flagellum de *Menigrates*. Dans les trois genres qui ont l'angle du troisième somite pléal arrondi ou anguleux, *Cyclocaris* Stebbing est le seul qui ait le quatrième article de l'antennule beaucoup plus long que les deux précédents et garni à sa face inférieure de longs poils sensoriels. Cet article, au contraire, est court dans les genres *Socarnes* (1) Boeck et *Socarnoïdes* Stebbing ; le maxillipède de ce dernier, au lieu d'avoir la lame de l'ischiopodite régulièrement arrondie et courte, a une lame pointue aussi longue que le reste de l'appendice.

La plupart des autres genres do Lysianassides peuvent se diviser selon que le *telson* présente ou ne présente pas d'échancrure. Dans le premier cas, six d'entre eux sont remarquables par la forte dent qui arme l'angle postérieur du troisième somite pléal. Parmi ceux-ci, les genres *Chironesimus* G. O. Sars et *Platamon* Stebbing possèdent seuls un deuxième péreiopode avec extrémité distale spéciale, formée par un propodite large et dilaté et par un dactylopodite bien développé, mais dans le premier de ces deux genres l'exopodite du sixième pléopode est bi-articulé, tandis qu'il ne l'est pas dans le second. Les autres ont cet appendice se rapportant à la forme typique si commune chez les Lysianassides. Le genre *Trypho-*

---

(1) Une espèce du genre *Socarnes*, *S. bidenticulatus* Bate, présente bien une dent sur le bord postérieur du troisième somite pléal, mais l'*angle* inféro-postérieur n'est pas prolongé en une dent distincte, comme dans les genres précédents, et la dent qui caractérise cette espèce est située au-dessus entre cet angle et la ligne médiane dorsale.

sites G. O. Sars se distingue des genres suivants par l'apparence tout à fait spéciale de son épistome qui se prolonge en avant de la lèvre supérieure et forme une pointe aiguë. Le genre *Onesimus* Boeck se différencie des autres genres caractérisés par la dent du troisième somite pléal, par la brièveté de l'échancrure du telson, qui n'arrive pas au tiers de la longueur de ce somite. Les deux genres suivants, qui ont l'échancrure du telson prolongée jusqu'au delà de la moitié de la longueur totale, se distinguent par le flagellum secondaire de l'antennule : dans le premier, *Hippomedon* Boeck, ce flagellum est court et composé de trois ou quatre articles dont le premier est plus grand que l'ensemble des autres ; dans l'autre, *Anonyx* Kröyes, il se compose de plus de quatre articles dont le premier est plus petit que l'ensemble du reste.

Trois genres sont caractérisés par un telson entier, sans trace de fente : le premier, *Onesimoïdes* Stebbing, se distingue des autres par l'extrême petitesse de l'endopodite du sixième pléopode, tandis que celui-ci est parfaitement développé dans *Alibrotus* (Milne-Edwards) G. O. Sars. Le dernier genre, *Lysianella* G. O. Sars, diffère complètement des autres Lysianassides par la forme lamelleuse inaccoutumée du quatrième article de l'antenne.

Les grandeurs relatives du premier article du flagellum secondaire de l'*antennule* et du quatrième article de cet appendice peuvent être utilisées pour la distinction des dix dernières espèces de Lysianassides. Chez quatre de celles-ci, le premier article du flagellum secondaire est manifestement plus petit que la moitié de ce quatrième article près duquel il est accolé. Dans les espèces qui pour G. O. Sars constituent le genre *Tryphosa* Boeck, et qui pour moi forment le genre nouveau *Tryphosella* (1), l'épistome est plus

(1) L'espèce choisie par Boeck comme type de son nouveau genre *Tryphosa* est l'*Anonyx nanus* Kröyer. Or, cette espèce ne correspond nullement à celle que Sars a appelée *Tryphosa nana* Kröyer qui est en réalité une espèce nouvelle. A mon avis, l'espèce de Kröyer et de Boeck a été décrite par Sars, d'abord sous le nom de *Tryphosa ciliata*, dont il a fait depuis *Orchomenella ciliata*. La comparaison de la fig. 2 *b* de la Planche XVII du « Voyage en Scandinavie » et de la fig. 2 *a*[1] de la Planche XXV de « l'Account of the Crustacea of Norway » ne peut laisser aucun doute à cet égard. C'est également l'avis du Dr Hansen (communication verbale de mars 1891). Le nom nouveau d'*Orchomenella* doit donc disparaître devant le nom antérieur de *Typhosa*, employé par

proéminent que la lèvre supérieure, tandis que c'est le contraire chez *Pseudotryphosa* G. O. SARS. Le genre *Lepidecrepeum* SPENCE BATE se distingue des précédents, entre autres caractères, par la présence d'une carène sur la ligne médiane dorsale, tandis que les autres Lysianassides ont le dos parfaitement arrondi.

Quant au genre *Cyphocaris* LUTKEN et BOECK, les profondes dentelures qui bordent le basipodite des trois dernières paires de péreiopodes servent à le faire reconnaître au premier abord.

Dans les derniers genres, caractérisés par la grandeur du premier article du flagellum accessoire qui atteint ou dépasse la moitié de celle du quatrième article de l'antennule, le basipodite de la première maxille est garni, comme c'est l'ordinaire chez la plupart des représentants de la famille, par une ou deux soies plumeuses, et alors cet article est allongé et terminé en pointe ; ou bien il est trapu et présente sur son bord interne une série d'un plus grand nombre de ces soies. Dans le premier cas, si le propodite de premier péreiopode est largement développé à sa partie distale, on a le genre *Cheirimedon* STEBBING. Si cet appendice n'a qu'une extrémité distale étroite et si l'épistome dépasse la lèvre supérieure, c'est le genre *Orchomene* BOECK (1); si l'épistome ne dépasse pas cette lèvre,

BOECK. Mais SARS a parfaitement vu que les diverses espèces réunies par BOECK sous ce terme générique n'appartiennent pas au même genre et, puisque l'ensemble appelé par SARS *Orchomenella* correspond en réalité au genre *Tryphosa*, celui que SARS désigne sous ce nom doit être appelé d'un nom nouveau, *Tryphosella*, par exemple.

Ce nouveau genre aurait la diagnose suivante : Amphipodes de la famille des Lysianassides avec une première maxille à carpopodite développé : maxillipède avec dactylopodite développé, ainsi que les lames du basipodite et de l'ischiopodite, premier péreiopode avec extrémité subchéliforme, et l'ischiopodite égal au méropodite ; telson fendu ; bord du troisième somite pléal arrondi ou anguleux ; antennule avec le premier article du flagellum accessoire plus petit que la moitié du quatrième article ; bord du basipodite du cinquième péreiopode non dentelé ; dos arrondi et épistome dépassant la lèvre supérieure.

Ce genre comprend les espèces suivantes :

Tryphosella Sarsi nov. sp. (= *Tryphosa nana* SARS, nec *Anonyx nanus* KRÖYER).
Tryphosella compressa SARS (= *Tryphosa compressa* SARS).
Tryphosella Hörringii BOECK (= *Tryphosa Hörringii* BOECK).
Tryphosella angulata SARS (= *Tryphosa angulata* SARS).
Tryphosella nanoïdes LILLJEBORG (= *Anonyx nanoïdes* LILLJEBORG).
Tryphosella antennipotens STEBBING (= *Tryphosa antennipotens* STEBBING).
Tryphosella barbatipes STEBBING (= *Tryphosa barbatipes* STEBBING).

(1) Dans le genre *Orchemene* ainsi caractérisé, on devra faire rentrer *Anonyx Groën-*

et si le telson est terminé par une pointe obtuse, c'est le genre *Tryphosa* Boeck (1) ; si au contraire le telson est séparé par une fente étroite qui ne l'empêche pas de former une pointe aiguë, c'est le genre *Orchomenopsis* G. O. Sars.

Quand le basipodite de la première maxille est au contraire trapu et garni d'une série de 5 à 10 soies plumeuses, si le telson est séparé par une fente large, qui écarte les deux parties de façon à ce que l'extrémité du corps soit obtuse, on a le genre *Aristias* Boeck ; mais si ce même telson, avec une fente étroite qui ne sépare pas les deux moitiés, forme une pointe aiguë, c'est le genre *Euryporeia* G. O. Sars (2).

C'est probablement près de ces deux derniers genres que devra prendre place le genre *Hirondellea* Chevreux : la première maxille à 5 articles, le maxillipède normal, le premier péreiopode à extrémité subchéliforme, le telson fendu, l'angle postérieur du troisième somite pléal anguleux, et le premier article du flagellum accessoire aussi grand que le quatrième de l'antennule, sont autant de caractères qui justifient ce rapprochement. Malheureusement, la première maxille n'a pas été figurée et n'est décrite que sommairement (3). Mais la présence de trois yeux, le premier placé à la partie dorsale et médiane du céphalon, les deux autres sur les bords latéraux, suffit pour faire reconnaître ce genre intéressant.

---

landicus Hansen (Malac. mar. Groenlandiæ, p. 72, Pl. ii, fig. 5), que G.-O. Sars a rangé dans son genre *Orchomenella*, quoiqu'il ait écrit dans la diagnose de ce dernier genre (*loc. cit.*, p. 66) « Epistome less projectireg than in that genus (*Orchomene*) ». — Voir la fig. 1 *epst* de la planche 6.

(1) Le genre *Tryphosa*, tel qu'il est entendu ici, correspond au genre *Orchomenella* G.-O. Sars (voir plus haut, note 1, page 170, et plus loin, page 194). Il ne contient que deux espèces : *T. nana* Kröyer (nec Sars) et *Tryphosa pinguis* Boeck.

(2) G.-O. Sars a ainsi modifié le nom d'*Eurytenes* donné par Lilljeborg à l'espèce désignée par Mandt sous le nom de *Gammarus gryllus* et par H. Milne-Edwards sous celui de *Lysianassa magellanica*. Le nom de *Eurytenes* ayant été employé antérieurement par Förster pour un insecte, Smith proposa de changer légèrement le terme générique en *Eurythenes*, Chevreux (*Bull. Soc. Zool.*, 1889, p. 298) qui établit cette synonymie, ajoute : « J'admettrai provisoirement, dans cette note, le nom ainsi orthographié, tout en faisant les plus expresses réserves sur le procédé employé par Smith ». Il est évident qu'un aussi faible changement n'empêcherait aucune confusion, et que Sars a eu grandement raison de préférer le terme nouveau d'*Euryporeia*.

(3) *Lamina interiore* (= basipodite) *lata, quadrangulari, oblique truncata.*

Les divers caractères invoqués ci-dessus pour établir les diagnoses différentielles des divers genres de Lysianassides peuvent se résumer dans les cinq tableaux qui suivent :

I.

PREMIÈRE MAXILLE

- 5-articulée ; carpopodite ....
  - développé.. II.
  - rudimentaire ; 6e pléopode...
    - biramé ; premier péreiopode
      - chéliforme .... *Trischiszostoma.*
      - non chéliforme. *Acidostoma.*
    - avec une ou pas de rames ...... *Acontiostoma.*
- 3-articulée.. *Amaryllis.*

II.

MAXILLIPÈDE

- 7-articulé ; dactylopodite ....
  - développé ; lames du basipodite et de l'ischiopodite ....
    - développées .... III.
    - réduites ; telson .....
      - fendu... *Sophrosyne.*
      - entier... *Kerguelenia.*
  - rudimentaire ; telson ....
    - entier ... *Nannonyx.*
    - fendu ; angle du 3e somite du pléon prolongé en une dent ....
      - forte.... *Centromedon*
      - petite .. *Ambasia.*
- 6-articulé ; premier péreiopode.....
  - subchéliforme .... *Normanion.*
  - non chéliforme .... *Perrierella.*

III.

PREMIER PÉREIOPODE.

- Dactylopodite développé formant avec le propodite une extrémité.....
  - subchéliforme ; ischiopodite...
    - égal au méropodite...................... IV.
    - plus grand que le méropodite.......... *Hoplonyx.*
  - chéliforme ; bord distal du propodite formant une dent dont la base
    - est rapprochée du dactylopodite ; basipodite du 5e péreiopode.....
      - dentelé.......... *Podoprion.*
      - non dentelé...... *Enonyx.*
    - est écartée du dactylopodite .... *Opisa.*
  - non chéliforme ; telson
    - entier.................................... *Lysianax.*
    - fendu ; angle du 3e somite pléal ....
      - avec une dent ; antennule.......
        - courte .... *Menigrates.*
        - longue.................. *Ichnopus.*
      - sans dent ; 4e article de l'antennule..
        - long .... *Cyclocaris.*
        - court ; lame de l'ischiopodite du maxillipède.
          - arrondie . *Socarnes.*
          - pointue .. *Socarnoïdes*
- dactylopodite rudimentaire .... *Callisoma.*

I V.

Telson

- arrondi ou anguleux .... **V.**
- fendu; bord du 3e somite pléal ....
  - avec une fortedent; 2e péréiopode avec le propodite
    - dilaté; exopodite du 6e pléopode ....
      - 1-articulé .... *Platamon.*
      - 2-articulé .... *Chironesimus.*
    - étroit; épistome
      - prolongé en dent aiguë............ *Tryphosites.*
      - arrondi; fente du telson ..
        - profonde; flagellum accessoire de l'antennule..
          - court (3 articles) ..... *Hippomedon.*
          - long (plus de 3 articles).. *Anonyx.*
        - courte .... *Onesimus.*
  - entier; 4e article de l'antennule..
    - étroit; endopodite du 6e pléopode .
      - rudimentaire................ *Onesimoïdes.*
      - développé .... *Alibrotus.*
    - élargi .... *Lysianella.*

V.

Antennule avec le premier article du flagellum accessoire

- plus petit que la moitié du 4e article de l'antennule; bords du basipodite du 5e péréiopode ....
  - non dentelé; dos ....
    - arrondi; épistome
      - ne dépassant pas la lèvre supérieure .... *Pseudotryphosa.*
      - dépassant la lèvre supérieure .... *Tryphosella.*
    - caréné .... *Lepidecrepeum.*
  - profondément dentelé......................... *Cyphocaris.*
- égal ou plus grand que la moitié du 4e article de l'antennule; basipodite de la 1re maxille..
  - avec 2 soies au plus; propodite du 1er péréiopode.......
    - dilaté .... *Cheirimedon.*
    - étroit; épistome
      - dépassant la lèvre supérieure .... *Orchomene.*
      - ne dépassant pas la lèvre; telson
        - obtus . *Tryphosa.*
        - aigu... *Orchomenopsis.*
  - avec plus de 2 soies, telson
    - obtus avec une fente large .... *Aristias.*
    - aigu avec une fente étroite........ *Euryporeia.*

Dans les tableaux qui précèdent, nous n'avons pu faire entrer que 41 des genres connus de Lysianassides ; les autres ont été insuffisamment décrits par les auteurs pour que l'on puisse les y faire entrer avec certitude. Pour qu'un Amphipode de cette famille puisse être distingué génériquement, il faut donc que les parties suivantes soient soigneusement décrites : antennule ; épistome ; première maxille ;

maxillipède; 1ʳᵉ, 2ᵉ et 5ᵉ péreiopodes; troisième somite pléal; 6ᵇ pléopode et telson. Une fois ces caractères connus, il sera facile d'établir une diagnose générique différentielle qui sera nette et brève. C'est ce que nous allons essayer pour les trois types suivants : *Perrierella Audouiniana* SPENCE BATE, *Socarnes erythrophthalmus* ROBERTSON et *Tryphosa nana* KRÖYER.

IV.

PERRIERELLA AUDOUINIANA SPENCE BATE.

Cet Amphipode est un petit animal (Pl. v, fig. 1) qui mesure, à l'état adulte, 2 à 4 millimètres au plus : le corps est translucide, globuleux, revêtu de chitine épaisse; son aspect général rappelle celui de *Tritæta gibbosa* SP.-BATE, qui vit dans les mêmes conditions éthologiques. Sa couleur est d'un blanc légèrement rosé.

Le *segment céphalique* (fig. 3) se prolonge entre les insertions des antennules en formant un petit rostre très court; son bord latéral est légèrement ondulé et se termine par un angle obtus s'avançant entre les points d'attache de l'antennule et de l'antenne. L'œil est ovalaire, plus large en bas qu'en haut, composé d'une cinquantaine de cristallins; le pigment dans l'alcool est brun foncé; selon CHEVREUX et BOUVIER il serait blanc sur le vivant : il est probable que cette couleur n'est que le résultat de l'éclat des cristallins.

L'*antennule* est courte et trapue : le premier article est massif et puissant, les deux articles qui le suivent sont beaucoup plus courts et n'atteignent pas, pris ensemble, la longueur du premier. Sur le troisième article s'articule, à la partie interne, le flagellum accessoire, formé de deux articles dont le dernier est le quart du premier, et qui, pris ensemble, n'atteignent pas la longueur du premier article du flagellum. Cet article, élargi à la base et aminci sur la partie distale, est garni à la face interne de cinq rangées de longs poils sensoriels. Le reste du flagellum est formé de trois articles à peu près de même taille.

L'*antenne* est de même taille que l'antennule; des cinq articles du pédoncule, les trois premiers sont courts, tandis que les deux derniers sont allongés et plus grêles ; le flagellum compte quatre articles courts avec quelques petites soies. La glande antennale débouche à l'extrémité du second article par une pointe aiguë.

La *lèvre supérieure* forme une crête mousse entre les bases des antennes et circonscrit, par un sillon profond, un *épistome* (*ep*) qui suit la courbure générale de la lèvre.

La *mandibule* (fig. 4) est beaucoup plus simple que chez la plupart des Lysianassides : le coxopodite forme à sa partie distale une lame tranchante à peine découpée par une petite échancrure ; il n'y a pas de *processus accessorius*, mais seulement, à la face interne, une ligne de soies raides allant rejoindre le tubercule molaire qui forme une forte saillie allongée. Le palpe mandibulaire est tri-articulé : le premier article est très court, le deuxième est le plus long et le dernier plus court que le précédent; il a sa face interne couverte de poils courts, minces et serrés.

La *lèvre inférieure* est petite et formée de deux lames symétriques dont l'extrémité supérieure est couverte de poils fins. Les lames latérales sont allongées et arrondies antérieurement.

La *première maxille* (fig. 5, mx^1,) se compose de cinq articles : le premier est presque confondu avec la base d'insertion et n'est visible qu'à la partie externe ; c'est le coxopodite (*c*) ; le basipodite (*b*) [*lacinia fallax* de Boas] a la forme d'une lame aplatie garnie sur son bord interne de trois fortes soies plumeuses et coniques, l'ischiopodite (*i*) [lacinie interne des auteurs] porte sur ce même bord une série de dents latérales dont les supérieures présentent en outre un petit denticule accessoire ; sur l'angle supérieur et externe de cet article est articulé le méropodite, court et trapu, qui constitue, avec le carpopodite allongé et garni à son extrémité libre de huit petites épines, ce que les auteurs appellent généralement le palpe de la première maxille.

La *deuxième maxille* (mx^2 *d*) se compose, comme chez tous les Amphipodes, de trois articles, le basipodite (*b*) et l'ischiopodite (*i*) garnis sur leur bord interne d'épines entremêlées de quelques poils fins formant les lacinies ou lames interne et externe.

La fig. 5 de la Pl. v représente les deux maxilles en place ; la première maxille gauche est figurée à droite, car l'ensemble de la figure est vu par la face externe ; la deuxième maxille droite (mx^2 *d*) est figurée à gauche, et à sa droite est le cadre d'insertion de la deuxième maxille gauche ($mx^2 g$). En avant commence à se montrer l'insertion de la base commune de la paire de maxillipèdes (mxp).

Le *maxillipède* (fig. 6) est l'un des appendices les plus caractéristiques de notre Amphipode : les deux coxopodites sont, comme de coutume, soudés l'un à l'autre pour former une base commune à la paire d'appendices. Les basipodites, joints également sur la ligne médiane, mais sans soudure intime, émettent chacun à la partie interne une petite lame minuscule, garnie de trois soies, rappelant la lame si développée chez d'autres Amphipodes.

L'ischiopodite forme une large lame bordée de six épines sur son bord interne et terminée à sa partie distale par un angle qui atteint la longueur du reste de l'appendice ; le meropodite et le carpopodite sont courts et trapus ; le propodite termine l'appendice et présente à sa partie distale quelques soies irrégulièrement plantées. *Il n'y a pas trace de dactylopodite* (1).

Grâce à la forme aplatie des premiers articles qui se rejoignent sur la ligne médiane et par la réduction des palpes qui se trouvent rejetés sur le bord des ischiopodites qu'ils ne dépassent pas, la paire de maxillipèdes forme une sorte d'opercule convexe recouvrant hermétiquement les autres appendices buccaux.

Le *premier péreiopode* (fig. 7) est presque entièrement dissimulé sous la plaque coxale de l'appendice suivant : le coxopodite est réduit et de forme carrée ; l'ischiopodite est allongé ; les trois autres articles suivants sont courts et garnis de bouquets de poils raides ; le propodite est allongé et porte sur son bord postérieur finement crénelé quelques petites dents disposées par paires ; le dactylopodite a la forme d'un ongle qui peut se recourber sur le bord correspondant du propodite.

Le *deuxième péreiopode* (fig. 8) présente la forme habituelle de cet appendice chez les Lysianassides ; il est grêle et allongé. La plaque coxale est très développée et présente sur son bord antérieur quelques petites échancrures où sont insérés des poils rigides ; le

---

(1) CHEVREUX et BOUVIER signalent « un très petit tubercule arrondi » à la partie supérieure du palpe, qui représente pour eux le quatrième article du palpe (dactylopodite). Cette extrémité du palpe, examinée à un fort grossissement, ne présente pas trace d'un tubercule, si petit qu'il soit, articulé sur le propodite : il n'y a que quatre ou cinq soies.

carpopodite et le propodite sont minces et couverts de poils fins et raides, qui dissimulent à l'extrémité distale la présence d'un dactylopodite unguiforme et bidenté à son extrémité. Près de l'insertion de ce dernier article sont implantés quatre ou cinq longs poils bifurqués à leur extrémité.

Les autres appendices thoraciques (fig. 1) sont solides et trapus : les plaques coxales des troisième et quatrième sont largement développées ; celles des trois suivants sont plus réduites. Les basipodites de ces trois derniers sont légèrement découpés en petits denticules sur leur bord antérieur ; enfin, un caractère qui donne un aspect très caractéristique à ces pattes thoraciques, est l'élargissement de la partie distale des propodites, d'où il résulte que le dactylopodite recourbé semble inséré à l'angle antérieur, tandis que l'angle postérieur se prolonge en une sorte de denticule opposé au dactylopodite.

Les lames incubatrices sont réduites et ne portent qu'un très petit nombre de soies.

Des trois premiers segments du *pléon* les deux premiers ont les angles postérieurs des *pleura* terminés par une dent aiguë, tandis que dans le troisième (fig. 9) cet angle est légèrement émoussé. Ces trois somites portent chacun une paire de pléopodes courts : l'exopodite compte environ sept articles et l'endopodite seulement cinq ou six. Sur l'angle inférieur et interne du basipodite sont insérés les deux appendices chitineux et barbelés jouant le rôle de rétinacle ; enfin sur le bord interne du premier article de l'endopodite se trouve *une seule* longue soie plumeuse à extrémité bifurquée.

Les trois derniers pléopodes (fig. 9 et 10) sont très courts ; le quatrième est le plus long ; les deux rames de chacun de ces appendices sont lancéolées et finement dentelées sur leurs bords ; l'exopodite du dernier pléopode (*pl* 6) est nettement biarticulé.

Le *telson* (fig. 10) est entier et a son bord postérieur légèrement concave.

Il n'y a pas de dimorphisme sexuel ; les exemplaires mâles sont seulement un peu plus petits que les femelles. Chez ces dernières, quand les produits sexuels sont mûrs, l'ovaire présente une teinte vert-pâle tout à fait comparable à celle de l'*Halichondria panicea*, l'éponge dans laquelle l'animal se creuse une logette.

Quand les œufs sont pondus, ils sont également verts, peu nombreux (cinq au plus) et énormes par rapport à la taille de la femelle. La fig. 2 de la Planche v représente un de ces œufs en grandeur proportionnelle à la fig. 1 : au premier examen on pourrait les prendre pour des parasites du genre *Sphæronella*, par exemple.

L'Amphipode que nous venons de décrire a été étudié pour la première fois par Spence Bate, qui en donne une description suffisante, d'abord dans son catalogue des Amphipodes du British Museum, puis dans « British Sessile Eyed Crustacea ». La figure d'ensemble donnée dans le premier de ces ouvrages (Pl. xi, fig. 1) est moins nette que celle donnée dans le second à la page 79 (T. 1). Les parties buccales ne sont pas figurées, sauf la mandibule et le maxillipède (Pl. xi, fig. 1 *g*) qui est très insuffisamment représenté, mais où on peut néanmoins voir que le palpe ne possède que trois articles ; l'antennule (1 *b*) est bien figurée et décrite. Les gnathopodes (1 *h*, 1 *i*) sont très reconnaissables, et l'on voit même sur le second les quelques poils plus longs qui sont fixés à l'extrémité de la partie distale.

Quoique cette description fût très suffisante, Boeck, dans son grand travail sur les Amphipodes scandinaves, identifia cette espèce avec *Anonyx tumidus* de Kröyer pour lequel il créa le genre *Aristias*. La description et les figures qu'il donne de cet Amphipode, et celles plus récemment données par G. O. Sars, montrent suffisamment combien cette identification est erronée. Heller crut pouvoir faire rentrer dans la synonymie de l'espèce de Spence Bate la *Lysianassa ciliatus* de Grube trouvée dans l'Adriatique. Mais, comme l'a fait remarquer Stebbing, la fente que cette dernière espèce présente au telson suffit pour les différencier. Catta, puis Marion retrouvèrent cette espèce à Marseille ; Chevreux et moi-même nous la signalâmes en même temps sur les côtes de Bretagne et de la Manche, sous le nom d'*Aristias tumidus*, en adoptant la fausse interprétation de Boeck. En 1889, A. O. Walker signale à Liverpool ce même Amphipode qu'il appelle *Lysianax Audouinianus* et en figure les deux premiers péreiopodes (Pl. x, fig. 9 et 10) Il rectifie, avec Hansen, l'erreur des auteurs à propos d'*Aristias tumidus* Kröyer et déclare que la *Lysianassa Audouiniana* de Bate doit constituer un genre nouveau, distinct d'*Aristias*. Meinert, en 1890, retrouve notre Amphipode au Danemark, en donne une description très nette et quelques figures très exactes, et, en tenant compte des observations de Hansen, il le nomme *Aristias audouinianus*.

Enfin, G. O. Sars, dans son récent travail sur les Crustacés de Norvège, montre que l'*Aristias tumidus* de Kröyer était bien distinct de l'animal désigné sous ce nom par Boeck, mais il n'admet pas (p. 49) l'idée de Hansen que cette espèce ne fût pas celle de Bate et il la désigna sous le nom de *Aristias audouinianus*. La description et les figures précises qu'il donne de l'Amphipode qu'il eut sous les yeux, montre qu'Hansen avait parfaitement raison, que l'espèce de Boeck et de Sars doit être non seulement distinguée de celle de Kröyer et s'appeler *A. neglectus* Hansen, mais aussi de celle de Bate à laquelle seule doit être réservé le nom spécifique d'*Audouiniana*.

Quand j'eus étudié de près cette espèce, je me rangeai aussitôt à l'avis émis déjà par Walker, qu'elle devait être le type d'un genre nouveau, distinct à la fois de *Lysianax* et d'*Aristias*. Pour plus de sûreté, je soumis mes dessins et mes idées au Rev. T. Stebbing qui, avec son obligeance habituelle, me répondit que j'avais bien en effet affaire à *Lysianassa Audouiniana* de Bate, et que, quoique le nombre des genres de la famille des Lysianassides fût déjà très considérable, il était nécessaire, pour ne pas augmenter la confusion, d'en créer un nouveau.

C'est ce que viennent de faire Chevreux et Bouvier (1), qui ont créé pour cet Amphipode le genre *Perrierella*, le dédiant à M. Ed. Perrier, directeur du laboratoire de St-Waast-la-Hougue. Ils le considèrent également comme une espèce nouvelle qu'ils nomment *crassipes*. La diagnose, la figure d'ensemble et la description détaillée qu'ils en donnent montrent que c'est bien la même espèce

---

(1) Chevreux et Bouvier, *Perrierella crassipes*, espèce et genre nouveaux d'Amphipodes des côtes de France, *Bull. Soc. Zool. Franç.*, T. XVII, p. 50, séance du 23 février 1892.

que nous avons étudiée. Ces zoologistes ont également reconnu la grande ressemblance qu'il y a entre leur nouvelle espèce et *Lysianassa audouiniana* de BATE, mais ils n'osent l'identifier à cause des lacunes dans les descriptions des auteurs ; ils n'admettent pas non plus l'assimilation de BOECK entre *L. Audouiniana* et *Aristias tumidus* KRÖYER et émettent l'hypothèse que l'espèce de BATE doit rentrer dans leur nouveau genre ; *Perrierella crassipes* serait distinguée spécifiquement par sa taille, plus petite de moitié, et par l'échancrure du telson. BATE, en effet, donne à son espèce 7/20 de pouce (9^{mm}) et déclare que le telson est « rounded at the apex ». Mais personne n'a revu des exemplaires de cette taille et pour le telson l'erreur est excusable dans une description qui remonte à plus de trente ans. Je me range donc à l'avis du Rev. STEBBING pour identifier l'espèce que je viens de décrire avec celle de BATE, et comme celle de CHEVREUX et BOUVIER est incontestablement la même que la première, je pense que le nom spécifique de *crassipes* doit rentrer dans la synonymie de *Perrierella Audouiniana* BATE (1).

PERRIERELLA CHEVREUX et BOUVIER.

1840. *Lysianassa* (pro parte) MILNE-EDWARDS.
1840. *Aristias* (pro parte) BOECK.
1892. *Perrierella* CHEVREUX et BOUVIER.
1892. *Pararistias* ROBERTSON.

Les tableaux que nous avons donnés plus haut, nous permettent de résumer les caractères de ce nouveau genre ainsi qu'il suit :
« Amphipode de la famille des *Lysianassidæ* dont la première

(1) Pendant la correction des épreuves de ce travail, est paru le « Second Contribution towards a Catalogue of the Amphipoda and Isopoda of the Firth of Clyde and West of Scotland » par DAVID ROBERTSON (*Trans. of the Nat. Hist. Soc. of Glascow*, Vol. III, pp. 199-223). Cet auteur, qui signale la présence de l'Amphipode que nous venons de décrire dans le golfe de la Clyde, reconnaît, comme nous, la nécessité de créer pour lui un genre nouveau qu'il appelle *Pararistias*, tout en conservant la désignation spécifique de BATE. Au moment de mettre sous presse, ROBERTSON eut connaissance, par une lettre de M. A.-O. WALKER, de la création du genre *Perrierella* par CHEVREUX « wich is probably identical with *Pararistias*.... The latter name, ajoute-t-il, must take ist chance of becoming a synonym ». La description de *Pararistias* ne laisse aucun doute à cet égard. (Juillet 1892).

» maxille a le carpopodite bien développé, le maxillipède avec six
» articles, et premier péreiopode avec extrémité distale non chéli-
» forme ».

Une seule espèce :

Perrierella Audouiniana SPENCE BATE.

1855. *Lysianassa Audouiniana* SPENCE BATE, Brit. Assoc. Rep., p. 58
1857. *Lysianassa Audouiniana* BATE, Synops. Brit. Amph., Ann. and Mag.Nat.
     Hist., XIX, 138.
1862. *Lysianassa Audouiniana* BATE, Cat. Amph. Brit. Mus., p. 69-70, Pl. XI,
     fig. 1.
1863. *Lysianassa Audouiniana* BATE et WESTWOOD, Brit. Sess. Eyed Crust.,
     T. I, p. 79.
1868. *Lysianassa Audouiniana* Bate, NORMAN, Rep. on dredg. Shetland, Rep.
     Brit Assoc., p. 274.
1875. *Lysianassa Audouiniana* Bate, CATTA, Notes pour servir à l'hist. Amph.
     golf. Marseille, Rev. Scien. Nat. Montpellier,
     T. IV, n° 2, p.
1883. *Lysianassa Audouiniana* Bate, MARION, Esquisse Topog. Zool. Mar-
     seille, Ann. Mus. Marseille, p. 84.
1887. *Aristias tumidus* Kröyer J. BONNIER, Malacost. Concarneau. Bull. scien-
     tif., T. XVIII, p. 304.
1887. *Aristias tumidus* Kröyer, CHEVREUX, Amph. de Bretagne, Assoc. franç.,
     Congrès de Toulouse (p. 2 du tiré à part).
1888. *Lysianassa Audouiniana* Bate, STEBBING, Rep. on Amphip. coll. by *Chal-
     lenger*, p. 292, 329, 365, 442, 545, 561.
1888. *Aristias tumidus* Kröyer, CHEVREUX, Amph. de France, Bull. Soc. Étud.
     scientif., 11° année (p 6-7 du tirage à part).
1889. *Lysianax Audouinianus* Bate, WALKER, Higher Crustacea ot the L. M.
     B. C. District, Proc. biol. Soc. L'pool, v. III,
     p. 203, Pl. x, fig. 9-10.
1890. *Aristias Audouiniana* Bate, MEINERT, Crust. Malacost. Det. Vidensk.
     Ubdyt. af Kanonbaaden « Hauch » 's Togter,
     p. 152, T. I, fig. 1-6.
1892. *Perrierella crassipes* CHEVREUX et BOUVIER, Bull. Soc. Zool. Franc.,
     T. XVII, p. 50
1892. *Pararistias audouinianus* Bate, ROBERTSON, Amph. et Isop. of Firth of
     Clyde, Trans. Nat. Hist. Soc. of Glascow,
     Vol. III, p. 201.

Nec

1861. *Lysianassa ciliata* GRUBE, Ausflug nach Triest und dem Quarnero, p. 135
1870. *Aristias tumidus* Kröyer, BOECK, Crust. Amph. bor. et Arct., p. 26.

1890. *Aristias Audouiniana* Bate, G.-O. Sars, Account of Crust. of Norway, Vol. I, Amphipoda, p. 48, Pl. xvii, fig. 2.

Ce petit Amphipode vit en commensal dans les éponges : on le trouve généralement nageant dans les vases où l'on a mis des fonds de draguages, Éponges, Flustres, Antennulaires, provenant de profondeurs de dix à trente mètres. Mais si on examine avec soin les Éponges, on l'apercevra engagé dans une logette d'où ne sortent seulement que les appendices, absolument comme *Tritœta gibbosa* dans les Synascidies. En 1887, je l'ai trouvé très communément sur les côtes de Bretagne « dans une éponge grise qu'on trouve fréquemment entre les branches des *Spongites coralloïdes* ». WALKER l'a signalé dans *Halichondria panicea* et c'est également dans ce spongiaire que je l'ai recueilli dans le Pas-de-Calais. On le trouve depuis 10 mètres jusqu'à 100 mètres.

Distribution géographique : *Perrierella Audouiniana* a été signalé en Angleterre, à Plymouth (SPENCE BATE), aux Shetland (NORMAN), dans la mer d'Irlande (WALKER et ROBERTSON); en Danemark (MEINERT); sur les côtes de France, dans la Manche et en Bretagne (CHEVREUX, BOUVIER, J. BONNIER) et dans la Méditerranée, à Banyuls, Marseille, St-Tropez, Villefranche et Ajaccio (CATTA, MARION, CHEVREUX).

V.

SOCARNES ERYTHROPHTHALMUS ROBERTSON.

Je n'ai eu à ma disposition que quatre exemplaires, deux mâles et deux femelles, de cet Amphipode qui est ici décrit pour la première fois. C'est un petit animal de trois millimètres au plus, transparent, avec une teinte légèrement verdâtre sur laquelle tranche vivement la couleur de l'œil qui est d'un rouge carmin très vif Quand les œufs sont mûrs, le vitellus est d'un beau jaune d'or.

Le *segment céphalique* (Pl. vi, fig. 1) forme antérieurement un très petit rostre, et latéralement une lame pleurale qui s'avance sur la base des antennes et se termine par un angle assez aigu d'une forme caractéristique : le bord aminci du segment forme à cet endroit (fig. 3) deux petites échancrures, l'une presque au sommet de l'angle, l'autre un peu plus haut, et dans lesquelles sont insérées deux soies raides. L'œil, constitué par une grande quantité de cristallins, forme une tache rouge, ovale, qui s'étend près du bord antérieur du céphalon.

L'*antennule* (fig. 1) a son propodite constitué par trois articles dont le premier est large, robuste et dépassant l'angle latéral antérieur du céphalon ; les deux suivants sont larges et courts, et, réunis, n'égalent pas la longueur de la moitié du premier article. Le flagellum compte de 8 à 12 articles suivant l'âge des exemplaires ; chez le mâle, les 2e, 3e et 4e portent des calcéoles et de longs poils sensoriels (fig. 2) ; ces derniers seuls se trouvent dans l'autre sexe. Le flagellum accessoire compte 4 articles.

L'*antenne* est un peu plus longue que l'antennule et compte 8 à 10 articles au flagellum ; chez le mâle (fig. 1) on trouve deux ou trois calcéoles.

Sur la face antérieure du céphalon, entre les insertions des antennules et des antennes, s'élève une haute crête médiane, qui, avant d'arriver à l'ouverture buccale, s'infléchit brusquement pour se relever ensuite et déterminer un profond sillon qui sépare sa partie proximiale de sa partie distale qui constitue l'épistome (fig. 4, *ep*). Cette apparence, si fréquente dans la famille des Lysianassides, se manifeste dans cette espèce d'une façon exagérée. Cet épistome qui a la forme d'un casque surélevé se termine antérieurement au-dessus de l'ouverture buccale par une lame mince, une sorte de visière, qui surplombe et protège l'extrémité des mandibules (*md*). Cette lame, vue de profil (comme dans la fig. 4), se projette sous la forme d'une pointe aiguë. Latéralement, l'épistome est garni d'une double apophyse, où vient s'articuler un prolongement de la partie distale de la mandibule. Dans l'épistome se trouvent de puissants faisceaux musculaires aboutissant au pourtour de l'ouverture buccale.

Le coxopodite de la *mandibule* (fig. 4, *md*) est allongé et terminé à sa partie libre par une forte dent à bord circulaire et tranchant, garnie à sa face interne de trois soies plumeuses (visibles par transparence dans la fig. 4). Au-dessous et sur cette même face se trouve un processus molaire arrondi et couvert de poils très fins. Le palpe mandibulaire, formé de trois articles, constitue un appendice puissant garni de quelques longues soies barbelées, et dont le dernier article est tapissé à sa face interne de poils très fins.

La *lèvre inférieure* (fig. 4, *li*) est grande et formée de deux lames symétriques dont le sommet est garni de poils fins et serrés, et dont l'angle latéral et postérieur, détaché de la base commune, se prolonge en une petite lamelle libre.

La *première maxille* (fig. 5) présente l'aspect typique de cet appendice chez les Lysianassides; sur un coxopodite presque entièrement soudé au somite, s'articule un basipodite (*b*) qui se prolonge à la partie interne sous forme de lame effilée garnie, à son sommet, de deux soies plumeuses. L'ischiopodite (*i*) plus considérable et formant la moyenne partie de l'appendice, est large et garni à son extrémité de cinq tubercules dentiformes à surface crênelée. Le méropodite est réduit et sert de base au carpopodite (*c*) lamelleux, à extrémité découpée de petits denticules réguliers séparés par des sillons nettement marqués vers l'extrémité distale de l'article.

La *seconde maxille* (fig. 6) est formée, comme d'ordinaire, par le basipodite et l'ischiopodite prolongés en lames minces dont le bord distal est garni de longs poils disposés sur deux rangées parallèles.

Le *maxillipède* (fig. 7) est normalement développé ; le basipodite (*b*) se replie sur lui-même vers la ligne médiane pour former une crête rigide, à la partie interne de l'appendice ; cette crête que l'on voit par transparence dans la fig. 7, est terminée par quatre soies barbelées.

Cette partie de l'appendice affecte absolument l'apparence figurée par G. O. Sars, pour l'appendice correspondant chez *Socarnes Vahlii* Kröyer (1). L'ischiopodite forme également une large lame à bord circulaire garni de petites éminences arrondies formant une ornementation très caractéristique. Les autres articles du maxillipède sont garnis de longs poils et se terminent par un dactylopodite unguiforme bien développé.

Le *premier péréiopode* (fig. 8) possède une plaque coxale très développée, arrondie antérieurement et droite postérieurement. Le

(1) Sars, Account of the Crustacea of Norway, Amphipoda, T. 16, fig. 2 *mp*.

propodite s'effile à sa partie distale qui n'est pas plus large que la base du dactylopodite : l'extrémité n'est pas chéliforme.

Le *deuxième péreiopode* a également une plaque coxale rectangulaire et étroite, plus longue que la précédente, et protégeant le reste de l'appendice grêle et effilé ; le carpopodite est allongé et deux fois plus long que le propodite qui est court et porte sur son bord distal un petit dactylopodite, inséré au milieu de ce bord et recourbé sur la partie tranchante du propodite. Ce dernier article est tout couvert de longues soies, dont les plus longues, près du dactylopodite, ont la forme de baïonnettes.

Les deux *péreiopodes* suivants, qui portent également des plaques coxales très développées, sont très longs et terminés par des dactylopodites aigus.

Les trois dernières paires de péreiopodes ont des plaques coxales plus réduites, arrondies postérieurement. Les basipodites sont très larges et ont leur bord postérieur légèrement denticulé et garni de poils à la base de ces denticules ; ces appendices qui augmentent de longueur du cinquième au septième portent sur chacun de leurs articles, sauf sur le premier et le dernier, des poils courts, solides, dont l'extrémité est bifurquée.

Chez la femelle, les quatre paires d'oostégites sont très minces, presque filiformes et portent à leur extrémité libre deux ou trois longs filaments. La cavité incubatrice étant surtout formée par le grand développement des plaques coxales, et les œufs étant très gros et peu nombreux (au plus cinq ou six), on comprend facilement la réduction de ces oostégites.

Les trois premiers somites du pléon ont les angles postérieurs des lames pleurales presque droits, sauf le dernier dont le bord postérieur est légèrement arrondi (fig. 9). Les appendices de ces somites ne présentent rien d'anormal : les épines de l'angle inféro-interne du basipodite sont simples, et sur le premier article de l'endopodite il n'y a qu'une seule longue soie plumeuse à extrémité bifurquée.

Des trois derniers pléopodes (fig. 9 et 10), le premier est le plus long : les rames sont lancéolées et armées de quelques épines. Dans un exemplaire femelle plus grand que celui qui est figuré pl. VI, le nombre des épines sur ces appendices était un peu plus considérable ; il y en avait deux sur chacune des rames des quatrième et cinquième pléopodes. L'exopodite du dernier pléopode est biarticulé.

Le telson (fig. 10) est légèrement atténué et son extrémité distale est fendu par une échancrure qui s'étend jusqu'au milieu du somite.

L'espèce type de ce genre, *Socarnes Vahlii* (Reinhardt) Kröyer, fut décrite pour la première fois en 1835 dans l'appendice au « Récit du second voyage à la recherche du Passage du Nord-Ouest et du séjour dans les régions arctiques de 1829-1833 de sir John Ross », par Owen qui l'identifia au *Cancer nugax* de Phipps que Miers a démontré appartenir au genre *Anonyx* et constituer une espèce bien distincte. En 1838, Kroyer la décrivit (Grönlands Amfipoder, p. 233) sous le nom de *Lysianassa Vahlii*, et la fit rentrer dans le sous-genre *Anonyx*, et c'est sous ce dernier nom qu'il la décrivit dans ses « Karcinologiske Bidrag » en 1845. Deux ans plus tard, Adam White dans ses descriptions des crustacés nouveaux ou peu connus du British Museum donna la diagnose d'un genre nouveau *Ephippi-phora*, et d'une espèce, *E. Kroyeri*, qui, de l'avis de plusieurs auteurs, doit appartenir au même genre, mais le nom de White ne peut être choisi pour le désigner, car il a été employé antérieure-ment en zoologie.

C'est aussi à ce même genre qu'appartient la *Lysianassa denti-culata* décrite par Spence Bate en 1858 dans *Annals and Maga-zine* (3ᵉ ser., vol. 1, p. 362). En 1865, dans ses belles études sur *Lysianassa magellanica*, Lilljeborg fait également rentrer dans e nre l'Amphipode décrit par Kröyer en modifiant la diagnose générique. C'est Boeck, en 1870, qui créa pour cette espèce le genre *Socarnes* qu'il rapproche d'*Ephippiphora* de White et dont il donne une diagnose complète. En 1877, Miers, dans sa liste des espèces de Crustacés recueillis au Spitzberg par le Rev. Eaton (1), retrouve la *Lysianassa bidenticulata* que Bate avait depuis réuni à *L. nugax* de Phipps et la redécrit sous le nom d'*Anonyx biden-ticulatus* en la distinguant de *Socarnes Vahli* Kröyer par la seconde dent située sur le *bord* postérieur du troisième segment pléal. C'est aussi à cette espèce qu'appartient l'Amphipode décrit sous le nom de *Socarnes ovalis* par Hoek dans les crustacés du « Willem

(1) *Annales and Mag. of Nat. Hist.*, 1877, Vol. XIX, p. 131.

Barents » (1) comme l'a fait connaître G. O. SARS qui le retrouva également dans les Amphipodes de l'expédition norvégienne du Nord de l'Atlantique. C'est à propos de ce genre de BOECK que G. O. SARS déclara d'abord qu'il ne le conservait que provisoirement, persuadé qu'une révision de la famille des Lysianassides réduirait de beaucoup le nombre des genres. Depuis, le savant professeur de Christiania a fait cette révision et il en est résulté au contraire un nombre de genres beaucoup plus considérable.

SOCARNES BOECK.

1830. *Lysianassa* (pro parte) MILNE-EDWARDS.
1838. *Anonyx* (pro parte) KRÖYER.
1847. *Ephippiphora* WHITE.
1870. *Socarnes* BOECK.

Ce genre est, d'après notre tableau des *Lysianassidæ,* caractérisé comme il suit :

« Amphipode de la famille des *Lysianassidæ,* dont la première maxille a le carpopodite développé, le maxillipède avec le dactylopodite bien développé ainsi que les lames du basipodite et de l'ischiopodite, cette dernière étant arrondie à sa partie distale ; le premier péreiopode avec une extrémité non chéliforme ; le telson fendu ; l'*angle* du troisième somite pléal sans dent distincte, et le quatrième article de l'antennule court. »

Quatre espèces :

1° Socarnes Vahli KRÖYER.

1834. *Gammarus nugax* OWEN, Appendix to John Ross, second Voyage, p. 87.
1838. *Lysianassa (Anonyx) Vahli*, KRÖYER, Grönlands Amfipoder, p. 5.
1840. *Lysianassa Vahli* Kr., MILNE-EDWARDS, Hist. nat. Crust., III, p. 21.
1844. *Anonyx Vahli* KRÖYER, Naturhist. Tidsskrift, 2 R. Bd I, p. 599.
1848. *Anonyx Vahli* KRÖYER, Voy. en Scand., Pl. XIV, fig. 1.
1859. *Anonyx Vahli* Kr., BRUZELIUS, Skand. Amph. Gamm., p. 43.
1862. *Lysianassa Vahli* Kr., BATE, Crust. Amph. Brit. Museum, p. 68, Pl. X. fig. 9.

(1) *Nied. Arch. fur Zool.*, Suppl. Bd. I, 1882.

1865. *Lysianassa Vahli* Kr., Lilljeborg, On the *L. Magellanica*, p. 21.
1866. *Lysianassa Vahli* Kr., Goes, Crust. Amph. Spetsb., p. 2.
1870. *Socarnes Vahli* Kr., Boeck, Crust. Amph. bor. et arct., p. 20.
1872. *Socarnes Vahli* Kr., Boeck, De Skand. og Arkt. Amph., p. 129, Pl. vi, fig. 8.
1887. *Socarnes Vahli* Kr., Hansen, Malac. marin. Groenlandiæ, p. 62.
1888. *Socarnes Vahli* Kr., Stebbing, Amph. of *Challenger*, p. 161, 177, 214, 361, 393, 466, 599.
1891. *Socarnes Vahli* Kr., G.-O. Sars, Account of the Crust. of Norway, Amphipoda, **p.** 44, Pl. xvi, fig. 2.

2° **Socarnes Kroyeri** White.

1848. *Ephippiphora Kroyeri* White, Crust. in the collect. at the Brit. Mus. Ann. and Mag. Vol. I, 2° sér., p.
1879. *Lysianassa Kroyeri* Spence Bate, G.-M. Thompson, New Zealand Crustacea, Trans. of the New Zool. Inst, Vol. XI, p. 237.
1884. *Ephippiphora Kroyeri* White, Miers, Rep. on the Zool. coll. of H. M. S. « Alert », p. 311.
1888. *Socarnes Kroyeri* White, Stebbing, Amph. of *Challenger*, p. 225, 555.

3° **Socarnes bidenticulatus** Sp. Bate.

1858. *Lysianassa bidenticulata* Bate, Ann. and Mag. Nat. Hist., 3° sér., Vol. I, p. 362.
1862. *Lysianassa nugax* Phipps, Bate, Cat. Amph. Brit. Mus., p. 65, Pl. x, fig. 3.
1865. *Lysianassa Vahli* Goës (pro parte), Crust. Amph. Spetsb., n° 2.
1877. *Anonyx bidenticulatus* Bate, Miers, Spets. Crust., Ann. and Mag. of Nat. Hist., p. 136.
1882. *Socarnes ovalis* Hœk, Crust. Willem Barent. Niedl. Arch. f. Zool. Suppl. I, p. 42, Pl. III, fig. 29.
1885. *Socarnes bidenticulatus* Bate, G.-O. Sars, Norske Nordhavs Exped., XIV, Crust., p. 139, Pl. xii, fig. 1.
1886. *Socarnes bidenticulatus* Bate, Hansen, Dijmphna Togtet., p. 29, Pl. xxi, fig. 5-5c.
1887. *Socarnes bidenticulatus* Bate, Hansen, Malac. Marin. Groenland, p. 62.
1888. *Socarnes bidenticulatus* Bate, Stebbing, Amph. of *Challenger*, p. 305, 466, 534, 567, 572, 599.

4° **Socarnes erythrophthalmus** Robertson.

1891. *Socarnes erythrophthalmus* Robertson Stebbing (in litt.).

1892. *Socarnes erythrophthalmus* ROBERTSON, Amph. et Isop. of Firth of Clyde, Trans. Nat. Hist. Soc. of Glascow, Vol. III, p. 200.

Les trois espèces des mers septentrionales de l'Europe (1) se distinguent aisément l'une de l'autre :

1° Par le nombre d'articles du flagellum accessoire de l'antennule qui en compte quatre au plus dans *S. erythrophthalmus*, et de sept à neuf dans les deux autres espèces.

2° Par le bord postérieur du troisième segment pléal qui présente une forte dent dans *S. bidenticulatus* (2) et qui est simple dans les autres espèces.

3° Par la couleur du pigment oculaire qui est rouge dans *S. erythrophthalmus* et noir ou d'un brun noirâtre chez les autres.

4° Par la taille considérable dans *S. bidenticulatus* (jusqu'à 36 mm.) et dans *S. Vahli* (14 mm.) et beaucoup moindre dans la troisième espèce (3 mm.).

D'où le tableau suivant :

Flagellum accessoire de l'antennule	avec 4 articles au plus .... *S. erythrophthalmus.*	
	avec plus de 4 articles. Bord postérieur du 3e segment pléal......	simple........ *S. Vahli.*
		avec une dent.. *S. bidenticulatus.*

Socarnes erythrophthalmus n'a pas encore été décrit (3). Quand je consultai à cet égard le Rev. STEBBING en lui communiquant mes dessins, il me répondit que depuis longtemps il avait mon espèce dans sa collection sous le nom de *S. erythrophthalmus* nov. sp. et qu'il lui avait été envoyé de la Clyde par DAVID ROBERTSON.

---

(1) *Socarnes Kroyeri* a été trouvé dans l'Océanie australe (Terre de Van Diemen et Nouvelle-Zélande), mais on ne peut encore savoir si le type de WHITE est bien celui retrouvé par G.-M. THOMPSON (voir à ce sujet les discussions de MIERS, CHILTON et THOMPSON).

(2) Cette dent est visible dans les individus à tous les âges (SARS).

(3) Elle vient de l'être brièvement par D. ROBERTSON dans son récent Catalogue des Amphipodes et des Isopodes de la Clyde.

Cette espèce a été draguée dans le Pas-de-Calais, lors des sondages de l'*Ajax*, à 4 milles environ de Gris-Nez, par 50 mètres de profondeur dans un fond de gravier et de coquilles brisées. Ces fonds sont caractérisés par de nombreux exemplaires d'*Asteracanthion rubens*, *Solaster papposa*, *Ophiothrix fragilis*, *Pilumnus hirtellus*, *Hyas coarctatus*, *Ebalia tumefacta*, etc. J'y ai recueilli également plusieurs exemplaires de *Pleustes glaber* Boeck.

Le genre est représenté dans les régions polaires par le *S. bidenticulatus* qu'on n'a encore trouvé que dans le Groenland et au Spitzberg, et par *S. Vahli*, qu'on rencontre dans les mêmes régions, en Islande, à la Nouvelle-Zemble, dans la mer de Kara et en Norvège, surtout dans la partie septentrionale, et rarement plus au sud : Boeck l'a encore trouvé à Hangesund. *Socarnes erythrophthalmus*, rencontré jusqu'ici seulement sur les côtes anglaises (golfe de la Clyde) et au Nord de la France (Pas-de-Calais), semble par sa petite taille et sa décoloration le représentant dégénéré de ce type arctique.

VI.

TRYPHOSA NANA KROYER.

C'est un petit animal de 3 à 4 millimètres que l'on trouve d'ordinaire en grand nombre dans les cadavres des Crustacés de grande taille : *Platycarcinus pagurus*, *Maïa squinado*, etc. (1). Sa couleur est d'un blanc mat très pur sur lequel tranche seulement la tache rouge vif de l'œil (2). Le corps est d'ordinaire ramassé sur lui-même de façon à former une petite masse globuleuse presque sphérique.

Le *segment céphalique* (Pl. vii, fig, 1) se prolonge antérieurement par des angles pleuraux à peu près arrondis. L'œil est ovale, grand, recouvrant une grande partie de la surface latérale du céphalon et

---

(1) « This seems to be one of the sea-scavengers » dit Robertson (*Trans. of the Nat. Hist. Soc. of Glascow*, T. III, p. 204).

(2) « The Clyde specimens are salmon-coloured, with the eyes bright-red » (Robertson, *loc. cit.*).

composé d'un très grand nombre de cristallins. Son pigment est d'un rouge carmin très vif sur le vivant ; dans l'alcool, le rouge tourne à l'écarlate.

L'*antennule* a son article proximal robuste, large, trois fois plus long que les deux suivants réunis ; ceux-ci sont en effet très courts et servent de base à un quatrième article allongé qui, chez la femelle, est garni à sa face interne d'une série de petites rangées parallèles de poils sensoriels. Chez le mâle adulte ces poils prennent un très grand développement, se multiplient et donnent à l'appendice un aspect plumeux très spécial. A côté de cet article, s'insère le flagellum accessoire de trois articles, dont le premier, aussi long, ou à peu près, que le quatrième de l'antennule, est aplati et dilaté et couvert de poils sensoriels, surtout développés chez le mâle. Les deux derniers articles sont très réduits. Le flagellum compte de 8 à 10 articles chez la femelle, et chez le mâle, 3 ou 4 de plus. Le mâle porte en outre quelques calcéoles.

L'*antenne* a ses deux articles de base très courts, surtout le second où débouche la glande antennale au sommet d'une éminence conique. Les articles suivants sont allongés, surtout le quatrième qui est garni à sa face interne de séries parallèles de soies raides. Le flagellum qui compte une dizaine d'articles chez la femelle, peut en compter trente environ chez le mâle et porte une dizaine de calcéoles.

La *lèvre supérieure*, vue par la face antérieure, a la forme d'une petite lame ovalaire, séparée par un léger sillon de l'épistome (fig. 1, *ep*) qui forme sur la face une longue crête qui va se terminer entre les insertions des antennules.

La *mandibule* (fig. 2) est très allongée transversalement et terminée par une lame tranchante simple ; dans la mandibule droite il y a, à la face interne, un *processus accessorius* rudimentaire qui manque à la gauche. Le tubercule molaire, peu proéminent, a une surface ovalaire formée de cannelures rayonnantes et régulières. Le palpe, inséré très en arrière au-delà de ce tubercule, est triarticulé. Sur les deux derniers articles, il y a une rangée de soies à plumules courtes.

La *lèvre inférieure* est très développée ; elle est formée de deux lames symétriques élevées, bordées de poils courts à leur sommet et portant latéralement des lames secondaires qui se recourbent en pointes aiguës vers la partie postérieure.

La *première maxille* (fig. 3) a un basipodite très réduit, se prolongeant vers la partie interne en une longue lame étroite surmontée par deux soies plumeuses. L'ischiopodite, très développé, est allongé et porte sur son bord supérieur six à sept dents larges et finement denticulées. L'article suivant est très réduit et sert de pédoncule au carpopodite aplati et légèrement courbé qui a son bord distal dentelé et portant une petite soie extérieurement.

La *deuxième maxille* (fig. 4) est également très allongée ; les deux lames du basipodite et de l'ischiopodite sont bordées de longs poils, dont le premier seul est plumeux (fig. 5).

Le *maxillipède* (fig. 6) a la structure typique ; le basipodite a quelques petites dents sur son bord distal, et l'ischiopodite a son bord libre orné de petites découpures régulières où aboutissent des stries rayonnantes. Le dactylopodite est unguiforme et bien développé.

Le *premier péreiopode* (fig. 7, *pt¹*) a une plaque coxale développée ; le basopodite est large ; le propodite est un peu plus long que le carpopodite et présente un bord distal presque rectiligne où s'insère un dactylopodite à peine plus long que ce bord. Le *deuxième péreiopode* (*pt²*) est plus long et plus grêle. Le propodite est moitié plus court que le carpopodite ; il est presque entièrement couvert de petits poils fins bifurqués à leur extrémité. Près du dactylopodite, ces poils s'allongent, dépassent cet article et sont barbelés ; au contraire sur la face antérieure ils se raccourcissent de façon à constituer une sorte d'imbrication de petites lames dentées. Le dactylopodite est court et ne dépasse pas le bord du propodite.

Les péreiopodes suivants sont assez courts et peuvent se dissimuler presque entièrement sous leurs plaques coxales. Les trois derniers ont des coxopodites très développés, surtout le premier ; les basipodites sont larges, presque circulaires et armés antérieurement de petites dents régulièrement espacées tandis que le bord postérieur est légèrement dentelé.

Les *pleura* des trois premiers segments du pléon sont bien développés ; l'angle postérieur du troisième est légèrement arrondi. Les quatrième et cinquième pléopodes sont allongés, surtout le quatrième, et armés de quelques épines ; le sixième (fig. 8) présente sur le bord interne de l'exopodite biarticulé quelques longs poils plumeux, 7 ou 8 chez le mâle, 3 ou 4 chez la femelle.

Le *telson* (fig. 9) présente une échancrure qui s'étend aux deux tiers de sa longueur ; il porte quatre épines, deux à l'extrémité, et deux sur le milieu des bords latéraux.

Le genre *Orchomenella* vient d'être créé par G. O. Sars (1) pour un certain nombre d'espèces de Lysianassides formant un petit groupe voisin d'*Orchomene* et dont les diverses espèces avaient été jusqu'ici rangées dans les genres *Anonyx, Orchomene* et *Tryphosa*. Selon le savant professeur de Christiania, ce genre contiendrait les cinq espèces suivantes :

1° *Orchomenella ciliata* (= *Tryphosa ciliata* G. O. Sars = T. *nana* Kröyer) ;

2° *O. pinguis* (= *Orchomene pinguis* Boeck) ;

3° *O. minula* (= *Anonyx minutus* Kröyer) ;

4° *O. groenlandica* (= *Anonyx groenlandicus* Hansen) ;

5° *O. barbatipes* (= *Tryphosa barbatipes* Stebbing).

Les deux premiers types forment évidemment un ensemble naturel caractérisé par le premier article du flagellum accessoire de l'antennule qui dépasse la moitié du quatrième article de l'antennule ; par le basipodite de la première maxille qui ne porte que deux soies au plus ; par l'étroitesse du propodite du premier péreiopode, par un telson fendu et à extrémité distale obtuse et enfin par un épistome qui ne dépasse pas en avant la lèvre supérieure.

Anonyx minutus Kröyer ne doit pas, à mon avis, être placé dans le même genre que les deux précédents puisque Sars dit dans sa description « Epistome slightly projecting in front of the anterior lip », ce qui le fait rentrer dans le genre *Orchomene*.

De même l'*Anonyx groenlandicus* de Hansen, que Sars fait rentrer dans son nouveau genre, doit aussi être rangé dans le genre *Orchemene*. En effet, Sars, dans sa diagnose d'*Orchomenella* (loc.

---

(1) G.-O Sars, An account of the Crustacea of Norway, vol. I. Amphipoda, part. 3, p. 66, 1890.

cit., p. 66) dit expressément « Epistome less projecting than in that genus (*Orchomene*) » et si l'on consulte la planche 26 de Sars, à la figure donnant le profil de l'épistome, on voit que celui-ci fait au-dessus de la lèvre supérieure une forte saillie arrondie, en tout comparable à celle figurée dans *Orchomene serratus* Boeck (loc. cit., pl. 23), *O. crispatus* Goes, *O. pectinatus* Sars, *O. amblyops* Sars (pl. 25).

Quant à *Tryphosa barbatipes* Stebbing, je ne puis accepter l'avis de Sars qui veut le ranger dans son genre *Orchomenella*. Stebbing, en effet, en décrivant l'antennule, dit (1) « the secondary flagellum of four joints together equal in lengf to the first of the primary », et dans la fig. *as* de la planche vii, il montre que ce flagellum accessoire a 5 articles et un premier article court, manifestement plus petit que la moitié du quatrième article de l'antennule.

Restent donc dans le genre *Orchomenella* Sars les deux espèces *O. ciliata* et *O. pinguis* Boeck.

Mais comme nous l'avons vu (p. 170, note 1), la première de ces espèces correspond évidemment à *Anonyx nanus* Kröyer que Boeck a pris pour type de son genre *Tryphosa* ; il s'en suit, d'après les règles de la nomenclature zoologique, que c'est ce dernier terme qui doit subsister et *Orchomenella* disparaître.

TRYPHOSA BOECK.

1838. *Anonyx* (pro parte) Kröyer.
1870. *Orchomene* (pro parte) Boeck.
1870. *Tryphosa* Boeck.
1871. *Orchomonella* (pro parte) G.-O. Sars.

La diagnose générique est la suivante :

« Amphipode de la famille des Lysianassides, dont la première maxille a le carpopodite bien développé et le basipodite avec deux soies seulement ; le maxillipède avec le dactylopodite bien développé ainsi que les lames du basipodite et de l'ischiopodite ; le premier péreiopode avec une extrémité subchéliforme, l'ischiopodite étant égal au méropodite et le propodite étroit ; telson fendu à extrémité

(1) Stebbing, Amphipoda collected by *Challenger*, First Half, p. 600.

distale obtuse ; bord du troisième somite pléal sans dent distincte ;
antennule avec le premier article du flagellum accessoire plus grand
que la moitié du quatrième article de l'antennule ; épistome ne
dépassant pas la lèvre supérieure ».

Deux espèces :

1° **Tryphosa nana** KRÖYER.

1846. *Anonyx nanus* KRÖYER, Naturh. Tidschr., 2 R., 2 B., p. 30.
1847. *Anonyx nanus* KRÖYER, Voyage en Scandinavie, Pl. xvii, fig. 2.
1862. *Anonyx nanus* Kröyer, BATE, Cat. Amph. Brit. Mus., p. 78, Pl. xii, fig. 9.
1867. *Anonyx nanus* Kröyer, HELLER, Beiträge z. näh. Kennt. Adriat., p. 24.
1868. *Anonyx nanus* Kröyer, LILLJEBORG, On the Lysianassa magellanica ,
         p. 28.
1870. *Tryphosa nanus* Kröyer, BOECK, Crust. Amph. bor. et arct., p. 37.
1876. *Tryphosa nanus* Kröyer, BOECK, De Skand. og Arkt, Amphip,, p. 181.
1882. *Tryphosa ciliata* G.-O. SARS, Overs. ov. Norg. Crust. I, p. 81, Pl. iii,
         fig. 4.
1891. *Orchomenella ciliata* G. O. SARS, Account of the Crust. of Norway, Vol. I,
         p. 69, Pl. xxv, fig. 2.
1892. *Orchomenella ciliata* Sars, ROBERTSON, Amph. et Isop. of Firth of Clyde,
         Trans. Nat. Hist. Soc. of Glascow, T. III,
         p. 204.

Nec

1891. *Tryphosa nana* Kröyer, G.-O. SARS, Account of Crust. of Norway, Vol. I,
         p. 76, Pl. xxvii, fig. 1.

2° **Tryphosa pinguis** BOECK.

1860. *Anonyx pinguis* BOECK, Forhandl. vu de Skand. Naturf., p. 642.
1865. *Anonyx pinguis* Boeck, LILLJEBORG, On Lysianassa Magellanica, p. 29.
1870. *Orchomene pinguis* BOECK, Crust. Amphip. bor. et art., p. 35.
1876. *Orchomene pinguis* BOECK, De Skand. og Arkt. Amph., p. 176, Pl. v,
         fig. 1.
1891. *Orchomenella pinguis* Boeck , G.-O. SARS , Account of the Crust. of
         Norway, p. 67, Pl. xxiv, fig. 2.

Ces deux espèces sont très voisines ; le telson suffit pour les
différencier : dans la première il n'y a qu'une seule paire d'épines
latérales tandis que dans la seconde, il y en a deux paires, l'une
sur l'autre.

La première de ces espèces, *Tryphosa nana*, a été recueillie sur les côtes de Norvège et du Danemarck, aux îles Shetland (NORMAN), sur les côtes anglaises, à Cumbræ (ROBERTSON), sur les côtes de France (CHEVREUX) et dans l'Adriatique (HELLER).

VII.

COLOMASTIX PUSILLA GRUBE.

Ce petit Amphipode est rare dans le Pas-de-Calais : je n'en ai jamais trouvé que deux exemplaires jeunes, qui mesuraient de 2^{mm} à 2^{mm},5 (1). Il est blanchâtre et presque transparent. La forme générale du corps (Pl. VIII, fig. 1), est étroite et allongée.

Le *segment céphalique* (fig. 1, 2) a l'angle latéral arrondi, s'avançant entre les insertions des antennes, de façon à recouvrir la base de l'antenne qui ne devient visible que quand l'animal est vu un peu par dessous, comme dans la fig. 2. L'œil est arrondi, composé d'une douzaine de cristallins implantés dans une tache de pigment brunâtre.

L'aspect des antennes est très caractéristique : il semble au premier aspect ne pas y avoir de flagellum, tant ceux-ci sont réduits (2).

L'*antennule* est composée d'un protopodite de trois articles dont le proximal est le plus large et le plus long ; les autres vont en diminuant de grandeur jusqu'au flagellum formé de trois petits segments enfoncés l'un sur l'autre de façon à donner l'illusion d'un article unique. Ces trois derniers articles portent des poils senso-

(1) Selon GRUBE, l'animal adulte mesure de 3 à 4 millimètres, SPENCE BATE lui donne à peu près les mêmes dimensions (3/20 de pouce), et NORMAN a eu des exemplaires de 1/5 de pouce. Comme mes exemplaires étaient plus petits, qu'ils ne présentaient pas de dents sur le bord du propodite du second péréiopode, ni à droite ni à gauche, qu'ils ne présentaient ni oostégites, ni pénis, j'en conclus qu'ils n'étaient pas encore adultes.

(2) « I know of in Amphipod, except the members of the Family Hyperiadæ that vhas the flagella of both Antenna in a condition so rudimentary as those of *Exungia* » (= *Colomastix*) écrit NORMAN (*Ann. and Mag. of Nat. Hist.*, sér. IV, vol. III, p. 360).

riels, tandis que les trois premiers portent sur leur bord inférieur des épines courtes (1).

L'*antenne,* un peu plus grêle que l'antennule, a un coxopodite très réduit sur lequel s'articule le basipodite également ramassé et portant à sa face inférieure le petit orifice de la glande antennale, orifice qui n'est pas situé, comme de coutume, sur une éminence conique. Les trois articles suivants sont plus allongés et portent latéralement et extérieurement une rangée rectiligne de petits denticules qui se continue sans interruption sur les trois articles, de la base au sommet. Le flagellum est constitué par trois articles très courts garnis de poils raides.

Les pièces buccales sont assez difficiles à mettre en évidence à cause de leur extrême petitesse : la *lèvre supérieure* (fig. 3) vue par la face ventrale, se présente comme un repli plus large sur la partie médiane que sur les bords et surmonté par un renflement semi-sphérique se terminant par une crête séparée de la face inférieure du céphalon, crête qui se projette de face comme une éminence conique : c'est l'épistome (*ep*).

La *mandibule* (fig. 3 et 4, *md*) est tout à fait caractéristique ; il n'y a pas de palpe, et au lieu des dents habituelles sur la partie tranchante, il y a cinq longs prolongements chitineux égaux. Le processus molaire est court et obtus. C'est, à ma connaissance, la première fois qu'une mandibule de cette forme est signalée chez les Amphipodes.

La *lèvre inférieure* (fig. 3, *li*) se détache de l'épaississement chitineux qui délimite les insertions des maxilles sous forme de lame triangulaire, bordée de part et d'autre de lames terminées par des pointes latérales et inférieures.

La *première maxille* (fig. 5, *mx¹* et fig. 6) se compose seulement de trois articles : un coxopodite (*cxp*) court, un basipodite (*b*) lamelleux dont l'angle supérieur et externe se relève et se couvre de poils raides ; l'ischiopodite (*i*), beaucoup plus réduit et inséré sur l'angle latéral et supérieur, a la forme d'une lame à peu près quadrangulaire portant quatre longues soies sur son bord distal.

---

(1) Selon Spence Bate (*Cat. of Amph. of Brit. Mus.*, Pl. XLVI, fig. 10 *b*), il y aurait, chez le mâle adulte, deux grosses soies sensorielles sur le flagellum de l'antennule.

La *deuxième maxille* (fig. 3, *mx²*, et fig. 7) est plus petite que la première, mais présente à peu près la même disposition, s'éloignant ainsi considérablement de la forme constante de cet appendice dans la plupart des Amphipodes.

Les *maxillipèdes* (fig. 8) forment par la soudure de leurs premiers articles une sorte de vaste opercule qui recouvre toutes les autres parties buccales. Les coxopodites (fig. 5, *cxp*) sont soudés sur leur partie médiane et forment une base unique aux deux appendices. Les basipodites (fig. 5, 8, *b*) également soudés l'un à l'autre sont prolongés à leur partie interne par une lame (*b¹*) qui vient fermer la fente laissée entre les deux ischiopodites : cette lame provient de la soudure des deux lamelles internes des basipodites. Les ischiopodites sont séparés et forment deux larges lames prolongées au delà de l'insertion du reste de l'appendice et atteignant le milieu du carpopodite. Les quatre derniers articles sont allongés, armés de quelques soies raides. Le dactylopodite est bordé sur son bord interne d'une rangée de petites soies parallèles.

Les sept segments thoraciques sont à peu près de même grandeur : ils sont arrondis et étroits et contribuent à donner l'aspect grêle qui caractérise cet Amphipode.

Le *premier péreiopode* (fig. 1, 2) présente une forme tout à fait spéciale : il ne mérite en aucune façon le nom de gnathopode que l'on donne d'ordinaire à cet appendice dans les autres Amphipodes et montre bien que l'on devrait abandonner cette appellation physiologique de gnathopode pour le terme morphologique de péreiopode, applicable dans tous les cas. Il est long et grêle. Le coxopodite forme une petite plaque protégeant l'insertion de l'appendice ; le basipodite est allongé comme de coutume et les articles suivants jusqu'au propodite inclusivement sont plus petits et à peu près de même longueur. Le propodite (fig. 9, *p*) semble terminé par une touffe de longues soies rigides remplaçant le dactylopodite, mais en examinant de près cette extrémité, on s'aperçoit qu'une de ces soies est un peu plus longue et plus forte et qu'elle est mue par un muscle à long tendon situé dans le propodite : c'est le dactylopodite (*d*).

Le *deuxième péreiopode* est plus important que le précédent : la plaque coxale est ovalaire, comme les articles correspondants des appendices suivants ; le basipodite est allongé et les deux articles suivants sont plus réduits ; le carpopodite et le propodite sont plus considérables et de même longueur, le dernier étant plus étroit que le premier; leurs bords postérieurs sont bordés de longues soies simples entremêlées de petits poils fins. Le dactylopodite est unguiforme.

Les *cinq derniers péreiopodes* sont bâtis sur le même type, et n'offrent rien de remarquable que la présence de deux petits denticules sur le bord du propodite.

Les branchies, insérées à la face interne des coxopodites des six derniers péreiopodes sont de petites vésicules ovalaires peu développées.

Les trois premiers segments du pléon sont un peu plus larges que les segments du péreion, les pleura sont peu développés et ont leurs angles postérieurs arrondis. Ils portent chacun une paire de courts pléopodes natatoires : leur basipodite porte à sa partie distale les deux petits rétinacles habituels, et le premier article de l'endopodite porte une seule soie fourchue profondément fendue.

Le reste du pléon est court; il porte trois paires d'appendices dont la première présente une particularité qui caractérise cet Amphipode aberrant. Ce quatrième pléopode, ou premier uropode, a un pédoncule (coxopodite + basipodite) court et, à côté d'un exopodite lancéolé, un endopodite également lancéolé mais terminé par une sorte de bouquet de poils formé, non pas par des poils à insertion nette, mais de cinq ou six lanières courtes semblant provenir de l'effilochage de l'extrémité (1).

Le pléopode suivant a ses deux rames lancéolées et bordées de fines dentelures sur leur bord interne ; enfin le dernier (fig. 10), plus court que le précédent, présente la même apparence.

Le *telson* est élargi vers sa partie distale avec le bord postérieur très légèrement concave.

Cet Amphipode fut trouvé pour la première fois dans l'Adriatique, près de Trieste, par GRUBE en 1861, qui en donna une description, sans figures, trois ans plus tard dans ses « Descriptions d'Amphipodes de la Faune de l'Istrie. » Quoique cette description soit suffisante pour démontrer que ce Crustacé est bien celui qui fut décrit sous des

---

(1) **J'ai vérifié cette particularité sur mes deux exemplaires.**

noms différents par les auteurs anglais, elle renferme de nombreuses erreurs. Ainsi dans la diagnose générique GRUBE écrit : « Pedes maxillares exungues » alors que le dactylopodite est parfaitement développé comme le montrent le dessin de NORMAN et le mien. Dans la diagnose du genre il décrit les premiers péréiopodes comme « tenues, exungues » comme il le semble au premier abord, à cause de la réduction du dactylopodite, mais dans la diagnose spécifique il confond les péréiopodes des deux paires et après avoir décrit le premier, il ajoute sans s'apercevoir qu'il décrit le second « margine manus supero recto, infero leniter curvato, unque dimidia fere longitudine ejus ». Il rapproche son genre *Colomastix* du genre *Cratippus* que BATE venait de décrire dans son « Catalogue des Amphipodes de British Museum » (1). Cette description et les figures (Pl. XLVI, fig. 10) qui l'accompagnent ne donnent malheureusement aucun détail sur les pièces buccales. L'auteur anglais décrit le premier péréiopode comme « scarcely subchelate », erreur rectifiée par GRUBE et plus tard par NORMAN. Il donne les deux figures des propodites des deux péréiopodes de la deuxième paire, celui de droite et celui de gauche, en ajoutant « on the right side, the inferior angle i formed into a hollow cup, on the left an two short distal theet. » D'après mon observation, ce caractère ne se trouverait que dans le mâle adulte ; il manque certainement chez le jeune. En 1865, dans le *Zoological Record*, BATE insiste sur la différence du premier gnathopode dans son espèce et dans l'espèce de GRUBE, où cet appendice serait terminé par quelques épines au lieu d'être « scarcely subchelote » : ce qui ne serait selon lui qu'un caractère sexuel. Il en conclut qu'il n'y a pas besoin de créer un nouveau genre et il maintient *Cratippus*, sans s'apercevoir, comme le fait remarquer STEBBING (Amph. Challenger, p. 354), que *Colomastix* est antérieur d'un an.

En 1866, HELLER retrouva l'espèce de GRUBE dans l'Adriatique et à côté une nouvelle espèce qu'il appelle *Cratippus crassimanus* et qui, selon STEBBING (*loc. cit.*, p. 367) doit se confondre avec la première. En effet aucun caractère tranché ne les sépare, sauf que le

---

(1) GRUBE (*loc. cit.*, p. 208), semble s'excuser de n'avoir pas connu la description de BATE quand il créa son genre : il oublie que son travail date de 1861, alors que celui de SPENCE BATE parut en 1862.

propodite du second péreiopode possède trois dents (Pl. ɪv, fig. 12) sur son bord inférieur : ce qui n'est probablement que la caractéristique d'un mâle complètement adulte.

Norman, en 1869, la retrouva sur les côtes d'Irlande et en donna une excellente description accompagnée de plusieurs figures. Il en fit le type d'un genre nouveau et l'appela *Exungia stilipes*. Trompé par l'erreur de Bate à propos du premier péreiopode, il vit bien cependant que les deux genres étaient voisins : ils ne se différenciaient, selon lui, que par « le remarquable caractère du premier gnathopode » (1). Il décrivit le maxillipède et insiste sur la structure des extrémités des péreiopodes, qu'il compare avec ceux de *Tritæta gibbosa*, et qui sont, d'après lui, en rapport avec les habitudes éthologiques de ces deux genres d'Amphipodes qui, tous deux, habitent dans les éponges.

En 1876, Stebbing réétudia cette espèce et montra que l'Amphipode décrit sous les noms de *Colomastix pusilla* par Grube, de *Cratippus tenuipes* par Bate et d'*Exungia stilipes* par Norman était une seule et même espèce à laquelle devait être réservée le nom donné par Grube.

Comme, jusqu'ici, on ne connaissait des parties buccales que le maxillipède décrit par Norman, on s'était basé sur quelques caractères secondaires, comme le peu de développement des plaques coxales, la brièveté des antennes, etc., pour placer ce genre *Colomastix* dans des Podocérides, dans le voisinage des *Corophium*. Mais la structure si singulière de la mandibule et des maxilles doit, à mon avis, en faire le type d'une famille spéciale ne contenant encore que ce seul genre.

Gen. **COLOMASTIX** GRUBE.

1861. *Colomastix* Grube.
1862. *Cratippus* Bate.
1869. *Exungia* Norman.

---

(1) « No dactylos, its place supplied by a fasciculus of little spines projecting directly forwards ». Nous avons vu qu'une de ces petites épines était le véritable dactylopodite, possédant encore un muscle propre.

Une seule espèce, en Europe (1).

Colomastix pusilla GRUBE.

1861. *Colomastix pusilla* GRUBE, Ein Ausflug nach Triest und dem Quarnero, Beiträge zur Kenntniss Thierwelt dieses Gebietes, p. 137.

1862. *Cratippus tenuipes* BATE. Catal. of. t. specimens of Amph. Crust. of the British Museum, p. 276, Pl. XLVI, fig. 10.

1863. *Cratippus tenuipes* BATE et WESTWOOD, Brit. Sess. Eyed Crust., T. I, p. 485.

1864. *Colomastix pusilla* GRUBE, Beschreib. einig. Amphipod. der istrichen Fauna, Archiv. f. Naturgesch., XXX. 1 B, p. 206.

1864. *Colomastix pusilla* GRUBE, Die Insel Lussin und ihre Meeres fauna, p. 75.

1865. *Cratippus tenuipes* BATE, Zoological Record, Vol. I, p.   .

1866. *Cratippus pusillus* Grube, HELLER, Beiträge zur näh. Kennt. der Amph. der Adriat. Meeres, p. 50.

1866. *Cratippus crassimanus* HELLER, Beiträge zur näh Kennt. des Amph. des Adriat. Meeres, p. 50, Pl. IV, fig. 12, 13.

1869. *Exungia stylipes* NORMAN, Notes of a Week's Dredging in the West of Ireland, Ann. and Mag. of Nat. Hist., sér. IV, Vol. 3, p. 359, Pl. XXII, fig. 7-12.

1876. *Cratippus tenuipes* Bate, STEBBING, On some new and little-kuown Amphip., Ann. and Mag. of Nal. Hist., sér. IV, Vol. 18, p. 447, Pl. XX, fig. 4.

1887. *Exungia stylipes* Norman, CHEVREUX, Cat. Crust. Bretagne, Bull. Soc. Zool. Franc., T. XII, p. 30 du tirage à part.

1887. *Cratippus crassimanus* Heller, CHEVREUX, Amph. de Bretagne, Assoc. franç. av. des Sciences, Congrès de Toulouse, p. 3 du tirage à part.

1888. *Exungia stylipes* Norman, CHEVREUX, Contrib. à l'Étude des Amph. de France, Bull. Soc. d'Études scientifiques de Paris, 11e année, p. 4 du tirage à part.

1888. *Colomastix pusilla* Grube, STEBBING, Amph. collect. by *Challenger*, p. 329, 336, 348, etc.

Dans le Pas-de-Calais, j'ai trouvé cet Amphipode dans des fonds de dragages ayant ramené diverses espèces d'Éponges, des fonds de 40 à 50 mètres, à l'accore de la pointe nord du Colbart.

(1) HASWELL en 1880 (Proced. of the Linn. Soc. of New South Wales, Vol. IV), décrivit une nouvelle espèce de ce genre, *C. Brayieri*, des côtes d'Australie, et la même année, KOSSMANN, dans son Voyage sur les côtes de la mer Rouge, en décrivit une troisième, *C. hamifer*, très voisine du type que nous venons de décrire.

Il a été signalé sur les côtes anglaises à Bamff (Bate) et sur les côtes d'Irlande (Norman); sur les côtes françaises au Havre, au Croisic (Crevreux), à Roscoff (Grube); dans la Méditerranée, à Villefranche (Chevreux) et dans l'Adriatique (Grube, Heller).

Wimereux, le 20 Avril 1892.

EXPLICATION DES PLANCHES.

PLANCHE V.

Perrierella Audouiniana Spence Bate.

Fig. 1. — Femelle adulte, vue de profil.

Fig. 2. — Œuf pris dans la cavité incubatrice de la femelle.

> (Les fig. 1 et 2 sont dessinées à la chambre claire et au même grossissement).

Fig. 3. — L'extrémité antérieure du céphalon, vu de profil, avec l'antennule, l'antenne, l'épistome (*ep*) et la mandibule (*md*) en place.

> *œ*, œil.

Fig. 4. — Mandibule gauche, vue par la face externe.

Fig. 5. — Les maxilles en place.

> *mx¹*, première maxille de gauche, avec son coxopodite (*c*), son basipodite (*b*), son ischiopodite (*i*); *mx²d*, la deuxième maxille droite, avec son coxopodite (*c*), son basipodite (*b*) et son ischiopodite (*i*); *mx²g*, insertion de la deuxième maxille gauche; *mxp*, insertion de la base commune des deux maxillipèdes.

Fig. 6. — Maxillipède droit vu par la face externe.

Fig. 7. — Premier péreiopode.

Fig. 8. — Deuxième péreiopode.

Fig. 9. — Extrémité postérieure du corps, vue de profil.

Fig. 10. — Extrémité postérieure du corps, vue par la face dorsale.

> pl^4, pl^5, pl^6, les pléopodes des quatrième, cinquième et sixième paires.

> Les fig. 3, 4, 5, 7, 8, 10, sont dessinées au même grossissement ; la fig. 6 à un plus fort et la fig. 9 à un plus faible grossissement que les précédentes.

PLANCHE VI.

Socarnes erythrophthalmus ROBERTSON.

Fig. 1. — Extrémité céphalique du mâle, vue de profil, avec l'antennule, l'antenne, l'épistome (*ep*), la mandibule (*md*), et le maxillipède (*mxp*).

Fig. 2. — Calcéolc et poil sensoriel de l'antennule.

Fig. 3. — Angle antérieur et inférieur du céphalon.

Fig. 4. — La mandibule (*md*), l'épistome (*ep*) et la lèvre inférieure (*li*), vues de profil et *in situ*.

Fig. 5. — La première maxille vue par la face externe.
> *b*, basipodite ; *i*, ischiopodite : *c*, carpopodite.

Fig. 6. — La deuxième maxille vue par la face externe.
> *c*, coxopodite ; *b*, basipodite ; *i*, ischiopodite.

Fig. 7. — Le maxillipède droit vu de profil.
> *b*, crête interne du basipodite.

Fig. 8. — Premier péreiopode du mâle.

Fig. 9. — L'extrémité postérieure du corps vue de profil.

Fig. 10. — La même, vue par la face dorsale.
> pl^5, pl^6, les pléopodes des cinquième et sixième paires.

> Les fig. 1, 8, 10, sont dessinées au même grossissement ; les fig. 4, 5, 6, 7, sont dessinées à un même et plus fort grossissement.

PLANCHE VII.

Tryphosa nana KROYER.

Fig. 1. — Extrémité céphalique vue de profil avec l'antennule, l'antenne, l'épistome (*ep*), la mandibule (*md*) et le maxillipède (*mxp*).

Fig. 2. — La mandibule.

Fig. 3. — La première maxille.

Fig. 4. — La deuxième maxille.

Fig. 5. — Les extrémités du basipodite et de l'ischiopodite de la deuxième maxille vues à un plus fort grossissement.

Fig. 6. — Le maxillipède (le coxopodite n'a pas été figuré).

Fig. 7. — Le premier (*pt¹*) et le deuxième péreiopode (*pt²*).

Fig. 8. — Le sixième pléopode.

Fig. 9. — Le telson vu par la face dorsale.

Les fig. 1 et 7 sont dessinées au même grossissement ; les fig. 2, 3, 4, 8 et 9, sont dessinées à un plus fort grossissement, et la fig. 5 à un grossissement encore plus considérable.

PLANCHE VIII.

Colomastix pusilla GRUBE.

Fig. 1. — Mâle adulte vu de profil.

Fig. 2. — Extrémité céphalique du même, vue de profil, avec l'antennule, l'antenne, le maxillipède et le premier péreipode *in situ*.

Fig. 3. — Appareil buccal.

> *ep*, épistome ; *md*, mandibule ; *li*, lèvre inférieure ; mx^2, deuxième maxille (toutes les pièces sont vues par la face externe et dessinées *in situ*).

Fig. 4. — La mandibule, vue par la face externe.

Fig. 5. — Appareil buccal.

> mx^1, première maxille gauche ; mx^2, insertion de la deuxième maxille gauche ; *cxp*, coxopodites ; *b*, basipodites ; *b'*, lame externe des basipodites des maxillipèdes (toutes ces pièces sont vues par la face interne et dessinées *in situ*).

Fig. 6. — Première maxille avec son coxopodite (*cxp*), son basipodite (*b*), et l'ischiopodite (*i*).

Fig. 7. — Deuxième maxille.

Fig. 8. — La paire des maxillipèdes.

> *b*, les deux basipodites soudés et *b'*, la lame interne des deux basipodites vue par transparence.

Fig. 9. — Extrémité du premier péréiopode.

> *p*, propodite ; *d*, dactylopodite.

Fig. 10. — Sixième pléopode.

Fig. 11. — Telson.

> Les fig. 3, 5, 8, 9, 10 et 11, ont été dessinées à un même grossissement ; les fig. 4, 6 et 7, à un grossissement plus considérable.

Lille Imp. L.Danel.

Publications de la Station zoologique de WIMEREUX – AMBLETEUSE

SOUS LA DIRECTION DE

Alfred GIARD,

PROFESSEUR A LA SORBONNE.

II.

TRAVAUX DU LABORATOIRE

**Dépositaires des Publications
du Laboratoire de Wimereux-Ambleteuse.**

Paris, GEORGES CARRÉ, 58, rue Saint-André-des-Arts ;
— PAUL KLINCKSIECK, 52, rue des Écoles ;
Berlin, FRIEDLÄNDER & SOHN, N.-W., 11, Carlstrasse ;
Londres, DULAU & C°, 37, Soho-Square.

Lille Imp. L. Danel.

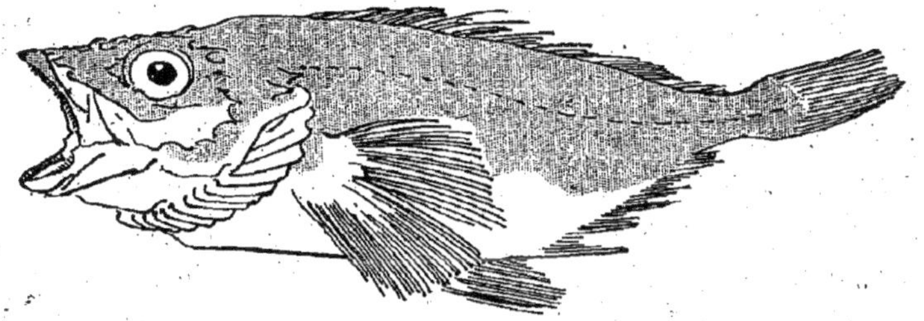

www.ingramcontent.com/pod-product-compliance
Lightning Source LLC
LaVergne TN
LVHW050834200726
843507LV00001B/288